U0153287

祕書力

主管的全能幫手就是你！

石詠琪 著
首席禮儀顧問

第三版

書泉出版社 印行

推薦序

運用科技，展現新能量

科技的進步改變了我們的生活，而這些改變，是否能讓我們應用在工作上，增強能力、創造績效、得到更傑出的表現，進而提升了我們的社會地位和生活品質，才是最重要的。

當我們了解跟上時代的腳步勢在必行，然而時機和應用能力才是成敗的關鍵。能夠做一個先知先覺者當然最好，但是如果沒有得到啓發，也只能像後知後覺者跟著學習模仿，甚至於像個不知不覺者，沒有抓住科技應用在工作上的關連性和竅門，只能被排擠到落伍者和被淘汰者的族群中。

至於如何將科技應用得宜，讓我們能夠如虎添翼，事半功倍，則是需要有宏觀視野，閱歷豐富的導航者，傳授運用科技的要領和技能，為這個職涯發展的道路，定方向，開明燈，跨出穩健有力的大步。也就是說，這本書不僅將我們由Work Hard帶入Work Smart，更要進階到Work Intelligent 的境界。

本書的特點在於將傳統與現代科技的變化作出新定向的調整，以工作現場的實境為背景，讓讀者體會新時代更貼切的溝通要領；在使用智慧型手機和視訊設備時更能達到得心應手；面對不同文化背景的溝通對象時知道應對的方式和禮儀；在時空和工作壓力下如何做到處之泰然的情緒調適；如何處理和提升大數據時代的檔案效率；有效的做好十倍速時代的時間管理；以及對個人和企業文化的形象的管理等等；並舉出各種專案情境的處理情況，讓讀者更能藉由實務的解說，得到更深刻的體驗。經由這些完整的面向，做出全能性的發揮。

本書的作者石詠琦教授在祕書和管理的專業領域已經有40年的實務經驗，不論在工作或生活上都保持著陽光和熱力四射的正向態度。橫溢的才華，讓她在初進職場就嶄露頭角，擔任台灣最大報社集團之一的創辦人祕書，進而兼任旗下出版社的管理職。在這段經歷中，她積極的組織祕書協會並擔任理事長，擴大祕書行政工作的經驗交流，提升專業形象和能力。並將這股能量由台灣推向海外，籌組參與亞洲祕書協會並擔任理事長，為國際間的專業交流，奠定了一個長期發展的基礎。在她擔任食品集團企業行政總監的階段，更積極參與社團活動，並開始將祕書和行政工作及職涯發展的見聞和心得，寫作立書，傳授講課。由於她以貼近工作現場的接觸為背景，專業技能又能符合進步潮流，因而獲得廣泛的歡迎和迴響。

隨著大陸在經濟上的快速起飛，近年來石詠琦教授在清華大學完成了訪問學者的學術研究後，在大陸的講學和寫作更加提升了質量。累積數千場的講課場次，著作專書也達到近百本，受歡迎的程度，更是有口皆碑。

雖然說「開卷有益」，但是處在科技時代，也要思考時間和精力運用的效率。「讀萬卷書，行萬里路」，是說達到行萬里路的效率值得讀萬卷書。但是石詠琦教授的這本書將引導我們日行千里，朝向對的方向，以光電的速度，增強專業的能力，讓我們工作表現傑出。由這個啓發和改變，讓我們創造更高的成就，開啓更美好的未來。

（石賜亮博士，中華民國企業經理協進會常務理事，臺北企業經理協進會名譽理事長。）

石賜亮

自序

2020年的祕書

1986年的某一天，當我翻閱一本美國《祕書》（*The Secretary*）雜誌的時候，有一篇預言2020年的祕書文章，進入了我的視線。這是一篇美國祕書協會所發布的調查報告，裡面有大約50條描述2020年辦公室的祕書，十分讓人震撼。

其中有幾條我還依稀記得：在2020年，祕書會有1～2個機器人為助手，每週上班3.5天，沒有異性騷擾問題，所有辦公室都是無紙辦公室。

不久之後，我開始長達20年的祕書趨勢講座。幾乎每一年的變化，都讓我自己吃驚，因為這一行的變化速度快得驚人。如果不能及時趕上時代，別說是當老闆，就算當個老闆的助手，都未必能夠稱職。

事實上，在過去的30年間，祕書工作大致歷經了4個階段，如果我們用時下的說法來比喻：

1G的時代　就是用打字機的時代

2G的時代　就是用電腦的時代

3G的時代　就是用互聯網的時代

4G的時代　就是用雲端計算與儲存的時代

這裡面最重要的有三次革命：第一次就是辦公室自動化，改變了祕書的工作方式；第二次是互聯網的運用，讓祕書的效率提高；第三次革命，就是智慧型手機的應用與雲端技術，讓未來的企業完全科技化。

假想一下現在是2020年，辦公室祕書都在做些什麼……

早上7點，祕書坐上無人駕駛的轎車，按照谷哥地圖指示的方向，避開擁擠的路段，提早來到了辦公室。一路上，她用手機瀏覽了一下今天工作的優先順序，並且完成了昨晚到今天清晨老闆交付的任務。這包括老闆出差的機票，已經依照他的喜好訂好班次，免費提供了機場的貴賓室，酒店也都打了折扣，連預定的早餐券都已經直接傳到老闆的手機，連線到他的Outlook日曆本。並且，一切出差準備費用，完全不必匯兌，用西聯這類型的第三方支付，就可以完成。

祕書在車上用VR眼鏡瀏覽了一下老闆要去的城市，發現最近那裡可能會很曝晒，所以提醒老闆要帶一件有晶片的外套，那件衣服可以隨著氣候感應調節溫度。貼心的她，還下載了3本上月亞馬遜暢銷排行的經管類新書在雲端，只要老闆上飛機，就可以用Kindle翻翻這些他一定需要的靈丹妙藥。

今天上午有2個重要的約會。9點25分，第二會議室將會進行一個視訊連線會議，因為事關機密，所以要用Skype這類連線，直接把4個國家，12個銷售點的幹部全部召集過來。預計會議後1小時內，會發布重大消息。祕書直接用音轉字的線上會議紀錄，摘要部分重點，會議後10分鐘內發給所有參加會議的人員，讓他們會後立即在各自國家部署工作。

11點半，老闆要與一個比較重要的企業簽約。合同已經交給法務核定，祕書要在最後校對之後，打印三份備用。這個簽約儀式她不必參加，但是辦公室的監控設備可以直接讓老闆隨時有需要就直接呼叫祕書過來。

午餐的menu是營養師所調配的，並且依照個人的需要和口味，讓外賣的公司準時送過來。由於公司的所有薪資系統、人資系統、客服系統等早已經外包，這些日常的瑣事完全不會占據祕書的工作時間。她在中午用雲端課程學習瑜伽，打算把自己弄瘦一點，才能穿得下昨晚利用網購優惠買來的一件精品時裝。

下午的時間，她花在研究最近剛買來的機器人Miki。這個機器人善於整理大數據，可以幫她把最近這一週各區域傳來的報表都消化掉，還能做出簡單的分類與評估。Miki長得跟她幾乎一模一樣，只是稍微矮了一點。原來的機器人Mini只會操持庶務，調的Cappuccino還不錯。

下午3點45分，祕書要去參加一個跨部門的專案會議，這是年底一項重要發布會活動的預備會議，祕書需要支援的事情很多，她習慣用OneNote分享模式，把這些進行的結果，立即記錄下來，重要時間表也都直接列入Outlook，同步呈現在手機和老闆的行事曆裡面。

下班前，她設定好Miki該做的功課，這樣明天早上她來的時候，各種需要的會議報表都可以Ready to go。

事實上，這不是虛擬的故事。在2015年Christopher Surdak出版的《大數據時代的致勝決策》（*Data Crush: How the Information Tidal Wave Is Driving New Business Opportunities*）裡面，早已經有許多類似的案例，描繪出2020年這個世界的辦公室場景。隨著互聯網+的時代逼近，每個企業都要以十倍速向前奔跑。凡是不合時宜的傳統思維與做法，都會急速被淘汰。

因此，今天以後這5年，祕書這一行業在職場上將會有翻天覆地的大變化。科技運用將會是祕書工作的主流，凡是在人力資源招聘的網站上，都會以懂得雲端儲存、整合運用、效率與專案、溝通無礙、EQ良好的人才，作為招聘祕書的主要條件。沒有科技運用能力的祕書，將很快會被淘汰。

虛擬祕書、遠距祕書、外包祕書工作，也會大行其道。

但願這本《祕書力：主管的全能幫手就是你》，能幫祕書們及時趕上時代變化趨勢。

石詠琦
2017年初春寫於北京

目次

PART 2　行政管理快易通

07

08

PART 1

職場溝通必勝術

01

智慧型手機時代

電話管理

讓智慧型手機有「智慧」的因素之一，就是能夠取得形形色色的數據。行動數據服務包括簡訊、網路瀏覽、使用應用程式，以及諸如Netflix及YouTube的串流服務。隨著智慧型手機取代傳統手機，以及行動數據網路（cellular data networks）開疆闢土，將足跡擴展到中國、印度，以及其他開發中國家，數據服務已經快速取代語音服務，成為行動流量的主要形式。

～克里斯多夫．蘇達克（Christopher Surdak）～

前　言

這個世界變了。一天又一天，我們接受科技的洗禮。工業4.0、Bank 3.0、無人車、無人飛機、各種機器人、VR眼鏡、智慧手錶，每一種產品的快速問世，都改變著企業的命運。顧客不再到賣場買東西，祕書也都靠語音與視頻和老闆聯絡。辦公室工作內容也許沒有變，但是工作方式與工具設備是日新又新。傳統的辦公室電話號碼，可能是一組總機加上分機；而現今許多企業，已經用一個手機號碼替代座機號碼，當作是總機號碼。並且，許多公司已經在員工入職的時候，就把一支手機撥交給員工使用，以便隨時掌控這人的位置和動向，便於即時聯繫。動態性質的工作與機動性解決當下問題，已經是未來祕書所必須面對的挑戰。電話，已經不只是用來當作傳統的溝通工具，更是一種24小時不離身的全能設備。

祕書用智慧型手機安排全天行程

案　例

小姚對剛買的這支手機非常滿意，不僅價格不貴，而且功能齊全。對她這個資深祕書而言，手機的外型好不好看不要緊，性能好最重要。至少要速度快，整天都無須充電。全天的工作中，小姚依賴這支手機的時間差不多是80%。辦公室的電腦反而成為次要的了。這支智慧型手機，到底小姚都用來做些什麼呢？

1. 用Line和WeChat與同事聯絡，設立的群組可以即時通知許多相關的人應該知道的即時訊息。
2. 各種應用的APP可以幫老闆和同事訂機票、火車票、叫車、訂飯店、餐廳。
3. 運用WPS這類的文書工具，可以隨時在任何地方寫報告。
4. 零碎時間可以在臉書、Twitter、LinkedIn，這類社交網站上查看顧客的動向。

5. 查看廣告影片和編輯簡單的企業平臺資料。

當手機已經成爲祕書的萬能工具時，小姚會如何挑選一款最適合她的手機呢？

學習直通車

祕書應該如何正確使用智慧型手機？

1. 應用各種APP解決日常辦公室的瑣碎工作
2. 日常電話溝通應對的要領
3. 掌握電話與手機的禮儀

1. 手機長智慧　變身小幫手

當手機進入智慧型時代，手機的功能取代了昔日的電腦，成爲祕書最重要的移動辦公工具。有了一支速度快、功能強的智慧型手機，祕書可以不費吹灰之力即時完成以往上班需要花幾個小時所做的工作。現在，辦公室老闆再也不能說，你帶著手機來上班，會不會影響辦公室工作？相對的，他會提醒你，隨時隨地都要記得帶著手機。

一、什麼是智慧型手機？

所謂智慧型手機，就是指一支像是電腦一般，具有獨立操作系統、獨立運作空間，又可以讓使用者自己安裝軟體和程式，且具有導航模式，利用Wi-Fi等移動通訊網路來通訊的工具。

智慧型手機是由傳統的PDA或者Pocket PC演變而來的。最早的掌上型電腦並不是電話，後來各家廠商想出了把電腦與電話結合的辦法，才產生智慧型手機。如今即時通訊已經從單純、具有表現力的對話交流，演變成爲商業中心。通過WeChat這類即時通訊工具，不但可以進行對話，還可以進行支付和確認等功能。

此外，以往打字的搜尋模式，已經逐漸被語音搜尋所取代。語音的介面快速發展，正在創造一種人機交互的新模式。祕書可以不用打字，就可以簡單準確的用語音找到自己需要的訊息，並且在可預見的未來，用手機的音轉字功能，直接記錄眼前的會議或者筆記。手機在汽車行進中可以導航，操控汽車駕駛的功能也指日可待。

智慧型手機具有以下特點：

1. 具有以無線接入互聯網的能力

祕書只要在有Wi-Fi的環境下，或者有4G/5G的手機數據支持下，就可以輕易地上傳或下載任何所需的資訊，而無需像傳統辦公室一樣，必須回到辦公桌前工作。

2. 具有PDA的功能

諸如以往的個人訊息管理、日程排程、多媒體運用和搜尋網頁，都能立即有效的當下解決。

3. 具有開放性的操作系統

每支手機獨立的CPU可以隨時安裝各種軟體和APP，應用軟體比以往更靈活。

4. 更加個人化與人性化

可以隨時擴展手機的內置功能，隨時更新，還可以依照心情

更換個人化的桌面等。

5. 儲存能力更強大

手機裡的許多軟體都具有雲端儲存功能，將取代昔日的磁碟或電腦硬碟。

未來，智慧型手機將會取代筆記型電腦，並且會有以下的辦公室功能：

1. 移動性視頻會議

視頻會議（video conference）將會從以往的會議室搬到任何時空。

2. 生物識別系統

現在用數字密碼來鎖定手機，未來會用臉部識別、指紋識別、虹膜識別等系統，來防止手機被盜用。

3. 設備互通

現在的QR和藍芽，讓手機之間互通更便捷，紙本名片已經逐漸失去光環。

4. 電池技術更新

未來的電池含有綠色能源，可以將太陽能電池融入手機。

5. 微型投影

PPT和影片將可以隨時隨地播放在牆面上。

二、智慧型手機能擔當哪些祕書工作？

隨著智慧型手機的廣泛應用，祕書的許多工作都可以在手機上執行，包括：

1. 一鍵通知

以往祕書要通知許多人重要會議或者文件，可能要用Outlook這樣的工具。現在只要傳到群組裡就可以，文件、影片、PPT都可以發送。

2. 通訊錄存雲端

只要接打電話，手機會自動提醒祕書是否要存檔，合併原有資料，這些資料可以隨時上傳到雲端，絕對不用擔心遺失。系統還會根據這些資料提醒祕書某人的個人訊息，如生日快到了，可以做點公關，或者送個太空蛋糕給他。

3. 交通工具APP

如上網訂購車票、計程車、飛機、飯店，並且一鍵付款，還有電子發票。

4. 收發郵件

無論多少郵件都可以一次綁定，永遠不會遺失，並且可以自動分類。

5. 日程排程

手機上的軟體會讓祕書所訂的各種機票，隨時自動納入日曆本裡面，簡單又正確。

6. 雲端數據

祕書可以排除許多傳統的檔案處理模式，把資料直接存入雲端，隨時隨地存取並且與其他人共享。

7. 文字處理

文件電子化之後，祕書只要按照各種格式完成公文、報告等例行性文件，並且及時發出呈閱、審批。

三、應該如何恰當的使用手機？

未來，祕書可說是24小時都離不開手機。無論生活或工作，手機都成為必備的工具。因此，如何恰當的使用手機，是必須知道的常識。

1. 注意保密

拿到新手機的第一步，就是設置一組很難破解的密碼。如果你的手機支援雙密碼或者手勢、臉部、指紋、虹膜識別系統，那最好使用雙重密碼，以防範各種資料被盜刷，或者錢包被盜用。

2. 注意電量

在太陽能電池還沒有大量普及之前，手機耗電量大是一個頭疼的問題，經常拿著行動電源或者充電線都不是最好的方法。目前應盡量保持手機在任何時候，都有足夠的電源。

3. 調整音量

在手機上通常會有3種音量，即媒體音量、鬧鐘音量與鈴聲音量。鈴聲當中還有電話鈴聲、簡訊鈴聲、通知鈴聲和郵件通知鈴聲，提示音當中還有撥號鍵盤音效和螢幕鎖定音效等，可以將各種功能設置不同提示音，來電鈴聲音量盡量調小。

4. 使用藍芽

手機的使用量如果很大，相對的接收電磁波的量也巨大，特別是來電的第一時間就接電話放在耳邊，對於腦波絕對有不良的影響。最好使用藍芽耳機，避免自己受到更多傷害。

祕書使用智慧型手機要注意音量，在進行會議時應設定爲靜音。

5. 手機落水

使用手機的過程難免會摔落或掉入水中，這樣的損失會很嚴重。許多廠商不能立即修理，造成有許多天沒有手機可以使用，這對祕書的工作是一個致命的打擊。所以應盡量保護手機，讓手機壽命延長，且不要經常更換手機。

6. 注意病毒

手機因爲要經常上網，各種病毒入侵是常有的事。拿到新手機時，需要立刻確認是否有自帶的防毒軟體。如果沒有，應該立刻安裝一個。除了可以防止病毒，還可以過濾不必要的騷擾電話和簡訊。

7. 及時清理

手機每天所產生的內存垃圾很驚人，必須養成睡前清理的好習慣。把不用的圖片、影片、資料以及媒體圖像等，一律刪除。

8. APP關掉

有關公司的財務和人事機密如果洩漏出去，會給當事人或公司帶來極大的損失。所以在使用支付信用之類的APP後，要記得隨時登出，千萬不要嫌麻煩。當然，相關的密碼，一定要設法牢記，以免被駭客入侵。

Tips
1. 智慧型手機省電技巧：將手機的螢幕亮度調低，不使用第三方的螢幕保護程式。
2. 手機如何防潮：避免將手機放在潮濕與陽光直射的地方，更不可放在高溫、高熱的地方；寒冷的冬天，從室外進入室內，先不要急著用手機，等手機內的結霜水氣蒸發後再使用。
3. SIM卡鎖定：如果你的手機支援一個以上的號碼，而其中一個具有多種鎖定銀行帳戶的功能，最好使用SIM卡鎖。也就是如果不知道密碼的人，無法打開這個電話號碼。

四、祕書如何選擇一支最好的智慧型手機？

由於智慧型手機是祕書的標準辦公室配備之一，所以選擇一支適用的手機，已經不是個人喜好的事，而是工作的需要。如何選擇一支祕書用的手機呢？以下是專家的建議：

- ✧ 操作系統：使用安卓（Android）系統或者iOS系統。前者用的人多，後者軟體資源豐富。
- ✧ 價格：不必搶先，等新款手機上市一段時間再買。
- ✧ 電池：當然是待機時間長最好，否則須能快速充電。
- ✧ 功能強大：許多廠牌都內建很多沒用的程式，還得用root才能刪掉。

✧ CPU頻率：選擇CPU頻率高的，否則時常會當機。

✧ RAM內存：如果你的手機需要經常開很多應用程式，內存就需要大些。

✧ 螢幕分辨率：當然是要選擇分辨率高的，螢幕大對視力比較有幫助。

✧ 照相畫素：如果你的工作經常要照相存檔，就得選高畫素的攝影手機。

✧ 其他配件：選用保護皮套和藍芽，或者保證不容易摔壞的外殼等。

五、哪些APP或網站是祕書經常要使用的工具？

1. 入口網站

入口網站毫無疑問是每個祕書必備的搜尋引擎，無論用的是Google、Yahoo、Bing、Chrome或者大陸的百度，都是首要的。

2. GPS地圖

定位系統與地圖是需要的，無論是自己出門或者是給老闆出差時候的行程表，都必須要有地圖（最好還標示附近的加油站和停車場）。

3. 行事曆（calendar）

每支手機都有日程表，但要能與老闆的日程表或自己的Outlook同步，並且可以將相關的出差日期、機票、酒店等資訊，自動同步登錄才管用。

4. 電子郵件

每天使用的郵件信箱，都能即時收發郵件。

5. 聯絡人

個人和公司的通訊錄都要登錄，並且分類。

6. WPS Office

如果祕書要在手機裡紀錄或者寫文件，就必須有Word、PPT、Excel這三種常用的軟體，還要能夠解壓縮。

7. 銀行或第三方支付

財務金融電子化的速度很快，每位祕書都會需要電子轉帳。

8. 社交通訊

例如：Skype、WhatsApp、LINE、WeChat或者Messenger之類的即時通訊，以及Facebook、Twitter、LinkedIn等社交網站。

9. 旅行相關APP

訂火車、計程車（Uber）、飛機、飯店等的APP，以便自己或老闆出差可即時掌握資訊（含天氣）。

祕書常用APP訂購交通票券或安排行事曆。

10. 雲端

無論用哪一家的雲端儲存系統，祕書必須熟悉使用一套自己和企業的雲端儲存系統。

2. 接聽電話的五要與三不

雖然人人都有智慧型手機，並不表示辦公室裡面就不用電話了。學會一套職場電話應對技巧，仍是祕書在進入職場的第一重要工作。日常工作中祕書要遵守的電話應對要領，最關鍵的就是要遵守KISS理論（Keep It Simple and Short），讓公務電話能夠越簡短越好。電話是一種管理工具，它是用來聯絡的、溝通的，不是用來聊天的。工作中如果不能管理電話，將會降低自己的辦公效率。

一、令祕書困擾的電話

祕書在電話溝通當中，常會被哪些電話問題所困擾，而無法達到KISS理論的要求呢？大體而言，可以分爲3類：

1. 言不及義的電話

許多人講話都含糊不清，還有的電話根本不需要打，只是爲了要聊天或者是寒暄而已，這種就叫做言不及義的電話。如果是對方打來的電話言談不得要領，祕書也不能立即切斷電話，這時候只能禮貌的告訴對方，現在還有其他電話在等候，晚一點再撥給他；或者總結一下對方所講過的話，問他還有什麼指教。

2. 溝通不良的電話

有的人電話中會胡攪蠻纏，還有的人對自己所想表達的事情總是說不清楚，這種就是溝通不良的電話。遇到這類型的溝通者，最好請對方再說一遍其確切要求是什麼？如果能夠讓對方自己再說一次，很可能就可以提綱挈領的把眞正的意圖表達出來，這時候祕書可以循著對方的思想脈絡去回答問題。

3.短話長說的電話

祕書在電話的開頭和結尾，常常會加上一些日常寒暄的短言，這些當然是無可厚非的。不過成爲閒聊話家常，那就失去祕書應有的職守了。許多老闆都會抱怨祕書成天抱著電話不放，仔細聽聽祕書所說的泰半都是閒聊。因而認定祕書太閒散，整天無事可做講電話，其實也可能是對方的短話長說所致。

二、電話管理五大原則

想要電話應對管理得當，同時達到電話的KISS理論要求，需要遵守以下的5項原則，並且確實做到：

1.快速回覆

拿起電話能仔細聆聽，聽懂問題的關鍵再回答。如果對方要的是一組電話號碼，可以不假思索的告訴對方正確的號碼，而不是東翻西找的找電話號碼。這是要靠祕書平常練就一身功夫，把要用的資料都放在手邊最易取得的地方。

2.先介紹自己

很多祕書一拿起電話就說：「喂，你找哪一位？」這是非常不正確的接電話方式。拿起電話的開頭語，一定要說：「成功公司您好，我姓石。」這需經過嚴格的訓練，讓祕書能夠以親切而自然的語調表現出來。匆忙的電話應對方式，讓接電話的對方產生不好的第一印象，違反了祕書的職分。

3. 要寫下來

左手拿電話，右手拿紙筆。祕書在電話旁邊一定要隨時擺好紙筆，以及電話紀錄簿和電話留言條這些撥接電話必備的文具。只要聽到電話鈴聲響起來，第一聲是確認電話是自己的，第二聲之前就把紙筆預備好，隨時記下電話內所說的內容。如果電話是留言給主管的，就立刻用工整的字跡把來電內容用條列式的方法記錄下來，放在主管易見的地方。

4. 感謝來電

無論來電內容爲何，祕書都要親切的說明，並且感謝對方來電。如果是對方打錯電話，千萬不可以粗魯的說：「你這個人是不是弄錯了」、「你搞錯電話了吧！」這一類的語詞，而是很禮貌的回覆對方說：「非常感謝您的來電。這個電話號碼不對，請問您是找哪個單位的，我可以幫您服務。」能做到簡單一句話就周到的服務，才算是稱職的祕書。

5. 照實辦理

無論對方有任何要求，祕書都不應該推辭或者拒絕處理；相反的，應該馬上照實辦理。所謂照實辦理就是秉公處理，不循私也不推諉的處理。照實辦理的另外一個意義，是誠實而又誠心誠意的處理。把自己該做的，立即而有效的依照對方要求辦到。如果自己有困難，也要明確告知對方，不要支支吾吾給人含糊不清的感受。

祕書在電話旁邊一定要隨時擺好紙筆，左手拿電話，右手拿紙筆記錄。

三、接聽電話的要點與步驟

接聽電話應遵循以下步驟：拿起電話→問好→報上單位和自己名字。

1.鈴響三聲內接電話

電話鈴響剛開始，馬上急著接電話，會給對方有突兀的感覺。此外，如果馬上接電話，會來不及準備自己的心緒，也沒有預備好紙筆文具。還有，電話第一聲響通常含有大量的電磁波，這會使得自己受到電磁波的侵擾。因此第一聲就接，不如第二聲再接起電話來得恰當。如果第三聲響完還沒人接聽，就會令人誤解，以為辦公室沒有人或是都在忙線中。

2.要點重複

所謂要點重複，就是管理學上5W2H的重複法。5W是指

Who（人）、Why（事）、When（時）、Where（地）、What（物），而2H是指How（怎樣做）、How much（多少錢），這些都是關鍵和要點。這些要點應該與數字產生關聯，也就是聽見數字時，祕書須加以重複。例如：明天下午3點開會，一共有10個人，在七樓701教室；其中的「3點、10人、七樓、701教室」就是關鍵數字，在結束電話前必須向對方確認。

3. 聲調降低

祕書所接撥的電話都屬於公務機密，所以只要拿起電話，就應該降低音調，不可以扯開嗓子，談笑風生的說個沒完。每個人說話的頻率雖然不一樣，但是身爲祕書，應該保持平穩安定的語氣。這樣的語氣必須經過聲音的訓練，例如：用錄音機把自己的聲音錄下，並且仔細聆聽，隨時糾正自己語法上的錯誤。

4. 機密不外洩

遇有第三者在電話機旁的時候，須留意電話的應對內容，是否涉及公務機密洩密。如果有，須禮貌的請第三者迴避一下；或是請對方晚點再打過來；或是告訴對方，目前並不適合講電話，會馬上給他回覆。祕書切記不可在辦公室大聲喧嚣，自以爲是的把電話當作自己的工具。

四、接聽電話的技巧

接聽電話有四大技巧，熟練後，接聽態度會由平穩 → 熟練 → 親切 → 專業。

1. 微笑的語氣

要想有微笑的語氣，必須先有微笑的臉。有笑容的臉很難裝出來，必須發自內心，所以要培養誠懇大方的笑容，然後才可能

有微笑的語氣。有微笑語氣的同時，會將嘴唇張大，說話的時候用揚聲起音，這樣的聲音聽起來愉悅順耳，而且有積極進取、打算為別人服務的意願。平時多拿鏡子看著自己說話的樣子，並且練習把嘴張開講話，使得發音不只是在口腔後面，並且動到兩片嘴唇，這樣說話就能有絕佳的效果。

2. 穩定的聲音

說話語氣和速度是培養自己氣質和氣度的不二法門。保持說話的速度，1分鐘大約200字左右最恰當。平時運用朗讀的方法練習說話的方式，使得音準、音色和音速都能達到最完美的境界。這同時也能給對方有種專業和信任的感覺，穩定代表祕書的能力與效率，也讓聽話者有層次和組織的概念。

3. 和緩的語調

和緩的語調就是指不疾不徐的聲音，和緩的聲音是解決問題的最佳方法，這與前面所說穩定的聲音是不一樣的。面對來電者非常急切的語調，或者可能產生衝突的電話，祕書必須先用和緩的語調讓對方冷靜下來，而不至於繼續擴大事端。和緩的語調並非慢條斯理、讓人等得不耐煩，而是親切有耐心的感覺。

4. 親切的服務

祕書所做的工作可用四個字來形容，就是「無微不至」的服務工作。這種工作的整體表現，就是親切和誠懇的態度。電話溝通雖然看不見對方，在此情況下，還能夠讓對方感受到無比周到、親切，這樣的感受相信對於任何一個講電話的人，都會是快樂、愉悅的。

五、電話的口氣與語態

1. 清晰明白

透過電話說明一件事情，有可能會說不清楚。這是因爲有些人的口語當中會有語病，例如：「黃」「王」不分；「許」「徐」說不清楚。因此，當我們在電話裡面說明一件事情的時候，應該盡可能的多說幾個字來解釋自己的意思。如果說「黃」，就說「草頭黃」；如果說「王」，就說「三橫一豎的王」；如果說「許」，就說「言午許」；如果說「徐」，就說「雙人徐」。

2. 抑揚頓挫

抑揚頓挫是中國人才有的音調，外國人就比較沒有這樣的問題。講話的時候，如果能夠多用揚聲起音，這樣的聲音比較可引起共鳴，也比較吸引人。例如：「請問我可以爲您效勞嗎？」、「您說是不是呢？」、「好的！我這就去辦！」這類的話語，會給予對方一種積極有力的聽覺享受，會自然增加聽者的好感。

3. 扼要中肯

電話溝通要保持簡短扼要，就必須簡單明瞭。祕書在回答問題的時候要多說：「我明白了」、「請問還有什麼指示？」、「對不起，請讓我確認一下！」這類的話，讓對方明白你的意思，或者了解了多少。少說一些拒絕、反對或是模糊不清的理論，這會使聽話的人以爲你已經不耐煩，或是未充分了解他所說的話。

4. 生動感人

很多人說話不經過修飾，所以說出來的話十分單調無聊，甚

至給人一種敷衍了事的感覺。有這樣毛病的人，通常自己不會了解，也不會承認。必須自己聽到自己說話的語態，才會恍然大悟。說話要能生動感人，並非意味著說話者說話的時候要如說故事般的抑揚頓挫，而是講話語氣熱誠、中肯。

5. 多變有趣

多變有趣的意思是說，講話不要一成不變。例如：當我們要重複對方的電話號碼的時候，如果號碼是5889-6188，那就要分兩次說：5889一次、6188一次。如果要說明一個很長的地址，例如：新北市新店區雙城路88號6C03室，就須分開說：新北市→新店區→雙城路→88號→6C03室，而不是一口氣告訴別人這麼長的一個地址。

六、接撥電話的禁忌

接撥電話有很多的禁忌，都是要能夠避免的。

1. 短話長說

首先要避免說話冗長沒有重點，這是前面一再強調的。如果祕書在公務電話上占用大部分時間，可能導致很多事情都處理不完。所以，一定要牢記長話短說，而不是短話長說。省下時間多辦事情，而不是花很多時間不斷講電話。

2. 一人多機

所謂一人多機，就是一位祕書同時有很多個電話等著接撥，這就造成多數人都在等候。沒有人會喜歡聽到祕書說：「對不起！我這裡還有電話，請你等一下！」可是這種情形又偏偏常發生在現代辦公室裡面。如果我們能夠認真的把電話接聽完，就不會給對方敷衍馬虎的感受。如果同時有好幾通電話一起響起，祕書還是須先把一通電話講完，再接聽另外一通電話，這樣才不會亂成一團。

3. 公器私用

所謂公器私用，就是把公務電話當成是私人電話，相信這是在任何辦公室都不願意看到的景象。現在每個人幾乎都有手機，在辦公室時，私人的手機就應該關掉或調成靜音，否則私人手機占用了上班時間，也算是私器公用了。

4. 手機禁忌

哪些地方不適用手機呢？事實上，除了私人手機不適用於辦公室外，另外仍有很多地方都不適合使用手機，例如：圖書館、電影院、表演廳、開車、騎摩托車、腳踏車，還有加油站旁、醫院、教室、火車和飛機等。對於手機的濫用和不加以節制，是現代社會的大問題，身爲祕書的人當然也必須了解在會議中應盡量避免使用手機。

3. 接撥電話七招　輕鬆管理

一、如何過濾電話：聽其言、觀其行

1. 判斷與應變

聰明的祕書，能夠有洞察人心的本領；而且能夠在對方一開口，就能立刻知道對方是哪一位。這是因爲祕書能夠認眞把很多人的聲音都記得，彷彿是順風耳一樣。懂得判斷電話裡面對方的來意，必須靠經驗，同時也要靠聆聽的藝術。

2. 當事人不便接聽時

當對方打電話來的時候，他想找的人正在開會，或是不便於接聽電話，這時候祕書必須很委婉或是很技巧的告訴對方，他要找的人目前不在座位上，不方便接聽電話，或是正在會議中要晚一點回來。同時要立即協助對方，是否可以找尋替代的人選或是留下電話號碼。

3. 當事人不在時

當事人如果出差，或是晚一點才會回到辦公室。對方可能詢問當事人之聯絡方式，祕書此時須衡量是否可以告訴對方，有關當事人的手機號碼或是相關資訊、住宿、行蹤等。最好的方式當然是請對方留下聯絡方法，再設法傳達給當事人。

二、電話效率：撥電話、接電話、回電話是3種層次

1. 撥電話與接電話分開

撥電話和接電話是兩種層次的管理：撥電話是自己主動，是重要的；接電話是別人找你，是被動、是次要的。撥電話所花的時間，是自己想做的，較短；接電話所需時間，是他人的要求，可能較長。所以，撥電話優先處理，接（回）電話次要處理。也就是說，如果有三個電話是你要撥出去的，又有三個電話是等你回的，你應該以撥出去優先，回電話次要。同樣的道理，自己的要求列於優先，他人的請託列於次要，這是因爲自己的事情處理完成後，心無旁騖才容易專注。很多時候我們想到卻沒做到，一再拖延的原因，就是想反正還有時間，先把眼前的事打發了再說，其結果往往是潛在的壓力到最後才顯現。反而因爲瑣事，耽誤了正事。

2. 隨時記錄內容

無論任何時候都要在電話旁邊預備好紙筆，記錄來電的內容。記錄的時候應該按照5W2H的要點：也就是「人」、「事」、「時」、「地」、「物」的方法排列。電話留言條也應該親自製作，讓記錄的內容一目了然。

3. 一次撥完不分批

無論是撥還是接電話，只做一次處理，不要重複。重複的原因，當然是該講的忘了講，或者是電話要找的人不在。所以我們必須用千方百計、無孔不入的原則，一次搞定。例如：留言請對方回電、請問對方的聯絡號碼、有沒有LINE、對方的e-mail等，務必一次就弄個水落石出，千萬不能一聽對方不在，就謝謝再見，那這通電話就白撥了。

4. 難找的人先找

辦公室裡面哪些人最難找？簡單的說：有三種人。第一種人是高級主管；第二種人是高級業務員；第三種人是混水摸魚的人。這三種人經常是被找的人。所以，祕書要能夠習慣性的先找最難找的人，而不是先去找容易找的人。難找的人是關鍵人物，難做的事情才是關鍵性的事務。

三、抱怨電話：服務就是業務、抱怨就是商機

1. 耐心傾聽

祕書經常會接到投訴或是抱怨電話，這時候第一件事就是要耐心聽完。等對方說完才加以反應，千萬不要中斷或是打岔，想要干擾抱怨的人。要知道如果對方還沒有講完，你可能根本不清楚他到底要說些什麼，也就是還不能理解他所希望的到底是什麼？

2. 平撫情緒

客戶的抱怨往往來得急，去得也快。這段時間裡，他的情緒肯定不會好到哪裡去。所以，身為祕書應該盡量利用和緩的語調，例如：「您先別急！」、「請慢慢說！」這一類的話，來安撫對方的情緒，讓對方先不要動怒。發脾氣是解決不了事情的，必須整理問題、釐清問題，並協助解決問題。

3. 原諒寬待

無論是誰的錯，祕書秉持「客戶至上」的原則，都要表示道歉。道歉的意思，不是表示自己錯了，而是表示這件事情給對方造成困擾了，感到很不好意思。所以只要是接到抱怨電話，應該先主動說出「對不起！讓您添麻煩了！」、「造成您的困擾，真是不好意思！」這樣的話。

4. 重點傳達

接到抱怨的電話，祕書不一定能夠處理。有些事情祕書可能不明白，有些可能立場不同不能解決，還有的必須報請上級指示才能回答。所以祕書接到抱怨電話時，應該把抱怨的事實和內容，報告上級主管。在報告的時候，把重要問題說出來，而不是把情緒也帶到裡面去。

5. 留下紀錄

無論是何種抱怨電話，祕書都要能夠確切記下問題的內容，然後把客戶的反應，誠實的登錄在客戶投訴的紀錄本裡面。客戶投訴的紀錄，對於公司各部門都有重要的意義。因此對於這種紀錄，祕書應該每天都呈報給主管，以便適時的檢討處理。

6. 定期回覆

接到客戶的抱怨電話，需要很明確的告訴對方何時能夠給予回覆，回覆的時間當然是越及時越好。更重要的是，越接近準確的時間越好。如果能夠的話，告訴對方爲何需要回覆時間的原因，讓對方明白他的問題一直都受到關注。

7.平撫自己的情緒

祕書如果經常接到抱怨電話，就會產生心理不平衡，進而影響日常事務的處理。因此，如果每天在下班之前，能夠把自己遇到的問題作整理，並且告訴相關的部門主管。那麼再多抱怨，也不會讓自己感到困擾了。

四、緊急事件：停 > 想 > 做

1.要先冷靜下來

緊急事件的處理，不同於一般事件的反應。祕書在處理例行性事務的時候，應該明快果決而有效率。但是遇見緊急事件的時候，就不可以貪快搶功，更不可以速戰速決。應該先冷靜下來，想想看該如何執行才是最佳的方法。

2.暫時勿做評論

遇見重大事件，人的本能多半是抗拒或是推託；或者會很大力的反駁，或是對事情論斷是與非，其實這些方法對於處理問題都無濟於事。重要的是要面對事情，想法子解決。不分青紅皀白的遽下評論，不僅不能解決問題，還會讓問題越扯越大。

3.停頓3分鐘再做決定

緊急事件有可能是天災人禍，或許是重大的意外，這時候千萬不要急於立刻反應，應該先穩定下來。即使是祕書面對很大的挫折，也不要馬上就採取立即的行動。通常要先停頓幾分鐘，等冷靜下來，再決定下一步。否則會適得其反的弄巧成拙，做出不正確的判斷。

4.報告主管尋求支援

祕書的權限有限。遇有緊急的事情或是重大的意外，祕書並不一定可以有決定權。所以，如果碰到重大意外或是臨時突發事故，應該儘速稟告上級請求支援，而不是自己決定這個電話該如何回覆。

五、客戶溝通：聆聽的藝術

1.選定正確的主題

與客戶溝通的時候，必須要注意話題。這裡面有兩層意義：第一，要了解對方是否要來套取資訊，祕書的身邊就是主管，其實有很多重要的公務機密是不能任意讓客戶知道的。第二，客戶來電有可能帶來商機，所以每一通電話都要能夠明白對方確切的用意。如果只是例行性公務，那就不用擔心；如果確實有商機，祕書也不能敷衍了事。

2.找尋適當的時機

客戶來電有時候會談些不著邊際的事情，這時候祕書的應答就十分需要技巧。如何切入話題，是一件需要學習的事情。有時候需要見風轉舵，有時候需要迎合客戶，因此口才與應對技巧是需要靠經驗累積的。對於一些很蠻橫的客戶，電話對談就更需要技巧，選對時間發話相當重要。

3.用書面代替口頭

如果和客戶在電話裡面說不清楚，倒不如利用書面比較好，如此不但有個書面紀錄，也更加明確。換句話說，如果可以運用文字、郵件或是傳遞備忘錄這一類的文件，來替代電話裡面的討論，我們便可以運用書面紀錄來總結所討論的事情。或者對方可以先寄來書面資料，作為雙方討論的依據，才不至於在電話裡面說不清楚，因而造成誤會和困擾。

4.積極的聽

所謂積極的聽，就是要專心注意的聽，聽出問題的核心和關鍵。積極的聽又叫做反射性的聽（reflective listening），它是一種傾聽對方心底話以獲取感覺的功夫。這種聽的功夫通常都是以發問方式，來了解對方感受。如果對方不明說，可以在他的聲音裡面找感受。

六、言多必失：善意回應的要領

1.簡短扼要的回答

前面一再提到，祕書的電話溝通要注意的是KISS理論，就是簡短扼要。常言道：言多必失。祕書切忌不要成為饒舌的是非婆，這可能令工作表現打折扣。學習說話要領，盡量說得少、說得好。

2.親切的表示善意

祕書的言談雖然簡短，但是仍然給人親切悅耳、周到有禮的感受。如何表示善意呢？說話的時候多用「我」字開頭、多說「請問」一類的話語。多用反問句，例如：「能為您做些什麼嗎？」、「我這樣說對嗎？」少說「我不明白您在說什麼？」、「您可以再說一遍嗎？」、「對不起，我沒聽懂。」這類否定的話語。

3.積極的培養耐心

現代人缺乏耐心是有理由的，時間少事情多，每件事情來的好像都不是時候。祕書的工作範圍廣，瑣碎的事務多，幾乎只要一上班就會馬不停蹄的忙到下班。這樣的情形當然很難培養恆久的耐心。但是，祕書的天職就是要有耐心，能夠保密，能夠任勞任怨，只有不斷鍛鍊自己的耐力，才有可能成爲優秀的祕書。

七、結束電話：待機而動，伺機而行

1.找尋對方的段落

相信祕書每天都會碰到喋喋不休的人，抱著電話講個沒完，眞不知道如何作才能讓對方放下電話。特別是很忙碌的時刻，偏偏就有不識相的人會來胡攪蠻纏，因而窮於應付。這時候第一個法則，當然不是毅然放下電話，而是想辦法見縫插針，等對方告一段落之後，立刻反應給他知道你需要結束電話。

2.暗示對方時間

第二種辦法，當然是告訴對方你正在忙。這時候祕書也不能說：「對不起，我正在忙」，而是很委婉的說：「對不起，現在手上還有件事情」；或是，「對不起，現在桌上還有另外一通電話等著」；或是，「很抱歉，老總正在叫我去一趟，等會再給您回電話可以嗎？」這類的說詞比較貼切。

3.很長時間的安靜

如果這通電話說個沒完，祕書也可以長時間寂靜無聲，讓對方以爲你已經掛掉了電話，這種調虎離山計也可以試試看。要知道有些客戶只是爲了想出出氣，或是找個小姐聊聊天也是有的。接到騷擾電話不能立刻掛掉，這時候如果用這一招也許可以奏效。

4. 找尋替代的方法

問題總要解決，或許這個冗長的電話令祕書不知所措，此時可以找個替身或是高階主管來說明。找尋替代人選並非良策，只有在不得已的情形下才使用。無論如何，總是要將這個場面給撐過去。等到有確切的方法之後，再想辦法解決。

接待外賓時不宜撥接電話

4. 電話應答　這些禁忌不能碰

一、辦公室電話的應答禮儀

✧ 左手持電話，右手持紙筆。紙筆與常用電話號碼簿就在眼前。盡量不讓來電者等候，或者記不住、記錯了來電者所交代的內容。

✧ 說錯話，要自己認錯並說抱歉。不要強詞奪理，或者顧左右而言他。

✧ 電話掉落，手忙腳亂。把電話掉在桌上，是祕書常犯的錯誤。

✧ 第一句話，永遠不要說：「喂，你找誰？」「你是誰呀？」或者，洋里洋氣的說：「Hi」、「Hello」。

✧ 盡量在第二聲鈴響就拿起電話接聽，不能過第三聲鈴響而不接。要等對方掛了電話，自己才能掛電話。

✧ 不要讓來電者等候，可以先告訴對方你何時能夠回覆他，之後再掛斷。

✧ 無論是否是你的電話，都可以讓對方留言。對方打錯電話，要幫他轉接。

✧ 轉接前要確定那個號碼是否有人應答，而不是讓來電者被丟到一個無人答話的辦公室。

✧ 經常稱呼對方的職銜，以示尊重與禮貌。

✧ 剛開始上班與馬上就下班的時候，避免匆匆忙忙打電話給別人。

✧ 電話留言要寫清楚是誰打來、電話號碼、何時打來、具體是爲了什麼事情。

✧ 保持陽光心態，就會有微笑的聲音。

✧ 電話鈴聲以及自己說話的聲音，都要控制不要太大聲。

✧ 控制通話時間，盡量以3分鐘爲限。

二、智慧型手機的應答禮儀

✧ 祕書使用智慧型手機，要認定是辦公室設備的一部分。應該保持手機在上班時間不斷電、不斷網、時時暢通。

✧ 不要選用特別喧鬧的電話鈴聲，進入辦公區或會議室改爲震動或靜音。

✧ 無論有幾支手機，不要在與主管或客戶交談時候，放在桌面上，表示你很忙碌。

- ✧ 正在開會或者接待外賓時，千萬不要當著他人面前接撥手機。
- ✧ 撥打手機電話給他人，要考慮對方現在是否適合接聽。
- ✧ 撥錯電話時，要立刻表示道歉。
- ✧ 醫院、加油站、捷運或高鐵等公共場合，也不適合撥打手機。
- ✧ 切記不要邊走邊撥打手機。如果正好走在路上，應該走到一個角落或路邊撥打電話。
- ✧ 公務用餐的時候，手機改爲震動或靜音。
- ✧ 手機屬於公務設備時，外殼請勿加上特殊裝飾。
- ✧ 上班時間請勿玩手機遊戲。

學習便利貼

- ✧ 動態性質的工作與機動性解決當下問題，已經是未來祕書所必須面對的挑戰。
- ✧ 當手機進入智慧型時代，手機的功能取代了昔日的電腦，成為祕書最重要的移動辦公工具。有了一支速度快、功能強的智慧型手機，祕書可以不費吹灰之力，即時完成以往上班需要花幾個小時所做的工作。
- ✧ 使用雲端數據，祕書可以排除許多傳統的檔案處理模式，把資料直接存入雲端，隨時隨地存取並且與其他人共享。
- ✧ 拿到新手機的第一步，就是設置一組很難破解的密碼。如果你的手機支援雙密碼或者手勢、臉部、指紋、虹膜識別系統，那最好使用雙重密碼，以防範各種資料被盜刷，或者錢包被盜用。
- ✧ 由於智慧型手機是祕書的標準辦公室配備之一，所以選擇一款適用的手機，已經不是個人喜好的事，而是工作的需要。

✧雖然人人都有智慧型手機，並不表示辦公室裡面就不用電話了。學會一套職場電話應對技巧，是祕書進入職場的第一要緊工作。

✧日常工作中祕書要遵守的電話要領，最關鍵的就是要遵守KISS理論（Keep It Simple and Short），讓公務電話能夠越簡短越好。

✧祕書使用智慧型手機，要認定是辦公室設備的一部分，應該保持手機在上班時間不斷電、不斷網、時時暢通。

隨堂小測驗

假定有下列情況，祕書該如何應答：

1. 客戶來電，但是老闆正在開會。
2. 客戶來電，但是老闆出差去了。
3. 客戶來電，但是老闆在另外一線電話上。
4. 客戶來電，與老闆接通電話，談出貨問題。
5. 客戶來電，想要投訴出貨遲延問題，老闆示意擋掉電話。

祕書安排客戶到餐廳吃飯，於是：

1. 祕書先行訂位，與餐廳交涉餐點與用餐時間。
2. 祕書對老闆報告用餐準備細節。
3. 祕書先行前往餐廳與接待人員安排會場。
4. 老闆隨後與客戶蒞臨餐廳用餐。

5. 祕書陪同老闆與客戶離開餐廳。

1. 你是一位總經理祕書，客戶指明要找總經理抱怨產品品質的問題。請問當你接到電話時，該如何處理？
2. 為了避免主管工作受到干擾，祕書在執行電話管理時，有哪些方法與要點？
3. 如何運用電話管理，做好時間管理的工作？
4. 祕書在接聽電話時，有哪些必須遵守的禮貌要點、應答技巧及注意事項？
5. 從祕書的角度，舉例說明客戶投訴的處理流程與回應方式。

02

決勝千里之外

會議管理

發現問題最為關鍵，步驟本身很簡單，但解決問題的路途卻很遙遠。特別是發現問題以及設定課題的過程非常重要，其原因在於，如果我們連問題的存在都沒發現，等於尚未站在思考解決策略的起跑線上，而且在發現問題的同時，我們還要確實掌握問題的類型，才能夠確定解決問題時的核心課題領域。簡單講就是，能否順利解決問題，取決於課題設定的優劣。

～高杉尚孝

前　言

2016年5月，世界首座3D列印機辦公室，在杜拜的街頭出現，象徵著未來辦公室的新雛形。這個科幻的辦公室是用一臺巨型3D列印機完成的，僅耗時17天。在可預見的未來，許多辦公室的硬體設備，含辦公室本身都可以用3D列印機直接打印出來。這個辦公室在建造過程中，使用了複雜的電腦輔助程式，以及一臺20英尺高、120英尺長、40英尺寬的列印機連續作業2週，是杜拜未來基金會的辦公室。此外，隨著科技的突飛猛進，辦公室內外的會議將會有大幅度變化。異地跨區各種視訊會議將會逐漸取代傳統排排坐的會議模式，成爲快速聚焦的會議方式。部分小規模的會議，則將以手機視訊的連接，隨時隨地舉行。視訊會議將會廣泛應用在溝通和教育的功能上，即使國際會議也不例外。祕書在會議前後的角色與工作，將不僅是記錄與準備會議現場設備，而是涵蓋各類專案管理的跟催與進行。

案　例

今天是星期一，小姚算了一下，總共要參加3個會議。上午10點半有一個跨部門的例行性會議，是在第二會議室進行。下午1點半，會有一個客戶來談明年度的採購案，是在老闆的辦公室進行。下午4點會有一個視訊會議，是在視訊會議室舉行。這3個會議都需要她參加，從頭到尾須做出完整紀錄。好在，小姚在一週前都已經發出各項會議通知，也登記好了會議室的使用時間，今天上午她只要做好下列工作：

1. 再次確認所有與會的人員是否都能準時出席。
2. 對來訪的客戶提供本公司的正確位置以及預備停車位。
3. 確認公司的IT部門是否將視訊會議系統測試無誤。
4. 相關的會議文件是否備齊。
5. 提醒老闆會議前後的時間。

此外，小姚應該還想到些什麼跟會議有關的準備工作呢？

學習直通車

1. 傳統會議與視訊會議準備的要點
2. 祕書在會議前、會議中和會議後的工作
3. 會議進行時的控管與座次安排
4. 會議進行前後的相關接待禮儀

1. 科技加持　會議變得不一樣

一、會議的基本概念

1. 會議是什麼

會議可以泛指一切人們集合起來討論議題的情況。有定期的或臨時的，透過電話或網路的集會。會議的條件是至少有3人以上聚集在一起，相互交換資訊、想法和意見，為了達成某個目的而做的討論行為。會議應該遵循議事規則。需要有確定的議題，作為討論的依據。經過自由而又充分的討論後，達到解決問題的方法。

2. 會議的定義

傳統會議的定義就是一組8～10個與會者的桌面式討論。研究事理、達成決議，解決問題。議題則是事前安排好的，事後必須有紀錄的會議。

3. 會議管理

會議是一種正式的平行式溝通，也是每一位上班族及主管都無可避免會參加的行政工作之一。會議是一種低效率的管理行為，因此會議越少越好。成功的會議管理，就是在最短時間內，使與會者在充分溝通後彼此了解，並達成共識。

二、開會主要功能

1. 提供資訊

大部分的會議最重要的就是要提供與會者新的資訊，也就是要把現有的最新資料，呈報給大家知道。祕書在這部分的工作很重要，經常在開會之前蒐集各單位的資訊並加以彙整，這就是祕書的任務。

2. 蒐集資訊

蒐集資訊是指來參加會議的人，在一項會議進行的過程當中，可以完整的蒐集到這一個階段報告者所提供的資料。會議報告者在事前都會特別準備資料，所有與會者在會中可以很快得到完整最新的報告。

3. 解決問題

會議是否能夠完全解決問題，這並不一定。但是召集會議的人或是單位，總是希望會議中能夠達成共識或一致的決議。會議時常會有3：3：3效應：那就是會前解決三分之一、會中解決三分之一、會後再解決三分之一。

4. 推銷觀念

有很多人開會是爲了要介紹自己的觀念，而主管藉著會議來推廣自己的理念，更不在話下。會議是自由討論的區域，每個人都可以自由自在的討論，無論同意或是不同意，大家都有自由發言的機會。

5. 決定事項

開會最後希望達到的目的就是要藉著共同的決議，來解決問題。這些事情可以透過充分溝通來決定共識，但也可以運用表決的方法來決定會議的討論結果。

6. 教育訓練

利用會議的期間來教育訓練員工，這是企業經常進行的方式之一。利用週會或是月例會大家都在的時候來進行教育訓練，同

時也透過互動討論，來增加彼此的了解和認知。

7. 進度報告

許多例行性的會議，目的並非是討論或解決問題，而是將一段時間內的工作進度交代給許多人知道，這就是進度報告，目的是要利用橫向溝通來謀求共識。

8. 腦力激盪

業務會議常常是運用腦力激盪來想出可行的方案，行銷新的觀念或是有創意的新點子，這些會議的模式可以充分運用在廣告或是公關的行業。

9. 布達儀式

最後一種開會的目的是主管要宣布重大訊息時，例如：公司有人事命令要公布、重要數字要報告、重大事件要讓大家都知道，這時主管就會召開會議。

三、會議的種類

會議依照不同的功能，可以分爲下列幾種：

1. 銷售會議

一般是爲了宣布開始銷售某種產品或銷售期限。例如：每季、每月的銷售會議，或者是對前一個銷售期間進行績效檢討及表彰。

2. 年會

公司股東大會，或行業、協會每年一次的會員大會。

3. 產品發表會

爲了向媒體、專業群體及消費者，介紹和推廣某一項新產品。

4. 研討會

爲了提供資訊和討論該資訊而舉辦的會議。研討會最大的好處，就是能產生讓與會者達到相互交流、意見回饋的功能。

5. 專業會議

針對某個領域的問題進行討論、諮詢和交流資訊，而召開的會議。這類會議議程通常劃分爲幾個日程：一般包括主要會議和討論問題、解決問題的小組會議。

6. 獎勵會議

爲了表彰獎勵員工、經銷商或客戶的出色表現，所召開的會議。

7. 教育訓練

爲培訓員工而召開的會議，一般至少要一天，多則幾週時間。這類培訓需要有特定的場所，培訓內容高度集中，由各領域的專業培訓人員授課，而且培訓完成後，一定要實現某些目的和目標。

四、會場的種類

會議室的會場依性質的不同，可以分爲以下幾種：

1. 日常工作會議的會場

布置形式多爲圓形、橢圓形、長方形、正方形、一字型、T型、馬蹄型，以展現團結的氣氛。

2. 座談會、討論會的會場

布置成半圓形、馬蹄型、六角形、八角形、回字型，讓與會者感受輕鬆、親切最重要。

3. 中型會議的會場

布置成ㄇ、M字型、扇面型，以打造正規嚴肅的感覺。

4. 大型茶話會、團拜會的會場

布置成星點式、衆星拱月式最佳，以便賓客任意走動，相互寒暄、交換資訊。

5. 大型會議的會場

一般在劇院型場地或禮堂召開，因爲人數衆多，爲適當控制議程進行，形式也就比較固定。

會場布置依會議性質而不同，討論會形式可採半圓形或馬蹄形。

五、視訊會議與傳統會議的不同

✧ 視訊會議是指兩個以上的人在不同地點，通過通訊或網路設備，進行面對面的交談。

✧ 根據與會者所在的地點，又可分爲點對點的會議與多點會議。

✧ 企業進行視訊會議，必須要有穩定安全的網路系統與安靜獨立的會議室，並且應該使用專業的視訊設備。

六、視訊會議的主要特點

1. 節省成本

使用視訊會議系統可讓相關人員就地開會，不必耗費出差成本，更重要的是節省時間成本。

2. 使用方便

就在自己的辦公室進行會議，不必到外面租用場地，有獨立性與私密性。

3. 內控容易

企業組織規模巨大，管控各地的人員與業務不是很容易，經常透過視訊會議，可以面對面溝通，還可以直接看到相關產品的說明和實體。

七、未來會議室

1. 無線演示協作方案

傳統企業會議室共享顯示模式，存在著系統複雜、操作不便、安全性不高的問題。更新的無線演示協作解決方案，只要將基礎單元連接到企業的可視化系統，就可以將筆記型電腦和智慧型手機的圖像和聲音等資料，直接連接到大螢幕的會議系統上。

2. 結合行動設備

未來的機場、鐵路系統、會議室和控制中心等，將透過數位

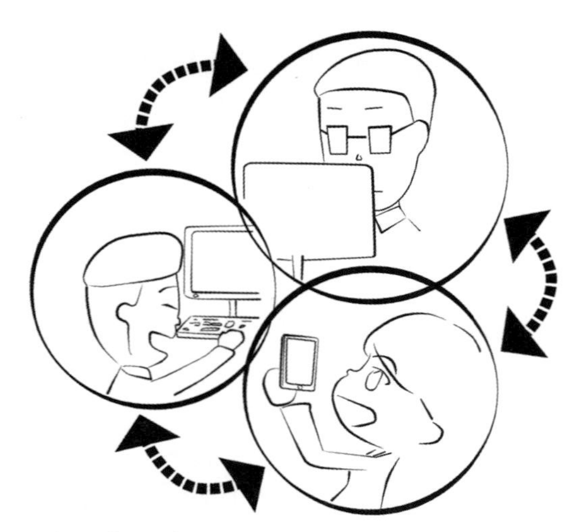

透過電視、電腦與手機的三網融合，視訊會議可走向室外。

化與所有移動設備連結，包括購票、候車、候機、購物、安全、安檢和會議。在未來的概念裡，會議室不再有紙張或筆記型電腦，而是平板電腦和視訊會議系統。

3. 三網融合

就是將電信網、廣播電視網和互聯網融合，直接催生「三屏融合」，也就是電視屏、電腦屏與手機屏。視訊會議將會因此從室內走向室外。視訊會議將與遠端醫療、電子商務、雲端學習和視頻監控等結合應用，同時出現在每個人的日常生活與企業互動的視線裡。

4. 變身教育訓練利器

視訊會議系統將成為員工教育培訓時，直接而有效的學習途徑。講師將與系統中的學生隨時互動，並且進行討論。

2. 準備會議　請你跟我這樣做

一、開會前的準備工作

1. 會議目標之設定

開會前最重要的準備工作，就是要能夠確定這次的會議到底要達到怎樣的目標？許多人往往走在前往開會的路途中，都還不明白到底今天要開什麼會？到底為什麼開會？更別說是該準備什麼東西來開會了。

2. 與會者之遴選

開會的參與人選是由誰來決定的？可能很多人莫名其妙的就被指定來開會，這樣的會議當然不會有好的效果。開會的人數應該精選，不需要全程參與的人，或是只要會後告訴其結果的人，這些人就可不用參與會議了。

3. 會議時間的選擇

會議的時間以下午比較好。這是因為大家都知道，會議是一種低效率的管理行為。晨間大家精神比較好，應該把頭腦用於思慮周密的工作或是具有創意的思維。下午精神比較差，用來開會比較正確。

4. 會議地點的選擇

會議地點必須方便與會的人員，而不是方便主持會議的人，這一點很重要。開會前應該依照會議想要達成的目的，而選擇會議室的布置方法。例如：需要相互溝通就用圓桌，可以面對面的溝通；如果需要討論就用方桌，可以分組進行研討；如果要進行說明或是簡報，就用馬蹄型，以便簡報者可以站在視覺最有力的地方。

5. 會議場所的布置

會議場所的布置是個專門學問，特別是大型會議進行的時候。是否要製作海報或是宣傳品？麥克風與舞臺的布置？還有整體氣氛的營造等，這些都是布置時所需要注意的細節。至於文具、紙張與設備更不在話下。場內用具及設備大致如下：

- ✧ 便條紙、筆、鉛筆
- ✧ 備用電池
- ✧ 投影機（overhead projector）
- ✧ 圖板（flip charts）
- ✧ 白板／黑板（whiteboards/blackboards）
- ✧ 電腦（notebook or computer）

一般來說，會議室內不可以撥電話，避免干擾議程的進行。

6. 議程之擬定

議程的擬定關乎時間的控制與現場議程的進行，所以哪條要先討論，哪條殿後？這些問題都要做好沙盤演練。議程確定之後要讓主席過目，並且確認無誤之後再分發給與會人員。

7. 會議通知之派發

會議通知的派發要在開會前的3～7天前進行。現代E化的辦公室因爲具有會議通知的軟體可以使用，所以速度很快。但是公務會議的通知，還是需要親自送達或郵遞才行。

8. 會議前的最後審視

會議進行前，一定要按照會議檢查表，把會議進行的所有細節，全部檢查一遍。會議檢查表是祕書按照會議經常性需要所列出的一份表單，用意在於不忽略各種細節。

會場必備用品有投影機、電腦、紙筆、白板等。

二、開會中的祕書工作

提到準備開會，祕書的工作非常瑣碎而複雜，重要的步驟大致如下：

1. 準備及派發會議通知及議程

前面提到開會時候，通知和會議議程的準備是絕對不能少的。當然這件事情是祕書的工作，而且必須立刻執行。祕書要能夠明確的將會議的時間、地點及人數掌握，並且在第一時間把議程也整理出來。

2. 撰寫及分發會議紀錄

開會之中，祕書的工作就是要撰寫會議紀錄，並且在會後72小時內分發給與會人員。祕書如何撰寫會議紀錄，在後面會詳細說明，初學者可以先將以往公司的會議紀錄找出來參考，分發會議紀錄以前必須給主席或指定人員過目。

3. 協助主席維持會場議事規則，提醒時間及焦點

會議進行期間除了要撰寫會議紀錄外，祕書還需要協助主席時間的掌控，以及開會當中的秩序維持等工作。

4. 跟催會議決議事項

祕書在會後的主要工作，除了需要把會議紀錄準時分發給與會人員，同時還要適時的跟催會議結論所提到的問題。

三、會議其他注意事項

在會議進行期間，祕書還要注意下面幾件相關的事務，例如：

1. 每週一及週五的下午不適合開會

這二個時段是管理的黑暗期，最不適合開會或做任何決定。所以最好不要召開會議，避免「議而不決、決而不行」。

2. 會議時間以60～90分鐘最恰當

重要會議不要超過90分鐘，一般會議60分鐘就一定結束。

3. 採用分點而非整點開會

時間有遞延效果，例如：早上9點開會開到12點；10點開會也會開到12點；11點也會到12點結束。因此，我們若能在9點45分開到11點；或在下午3點半到4點半開會，那會前、會後就有更多時間進行準備和溝通。

4. 會議場所主席要背對大門

與會者面對大門，會使遲到的人心生恐懼而減少遲到。遲到的人永遠有遲到的習慣，不是因爲特定的原因。如果能避免遲到，會議就能減少中斷，也可以節省時間。

5. 會議的人數越少越好

與會議僅有少許相關的人或單位，只須在會後把結果告知這些單位或人即可。做好參與會議人員的安排，亦是祕書的重要工作。

6. 盡量採用電話會議或電傳視訊會議

現今許多的事業體都會有辦公室以外的人參加會議，外地及跨國的差旅費異常昂貴，如果用視訊會議系統，可以節省非常多費用。

7. 會議避免例行性

參與會議的人會有個習慣，如果每週三開會，則待議的事都會到週二才進行協調或準備。會議如果每週一次，可以規定每週二或四下午。「或」這個規定有彈性，就由「例行性」變成「經常性」，在管理上就更符合時間控制的要求。

8. 會議室不可太過舒適

安逸的環境將延緩會議的進行。例如：有電話、茶點，或有扶手靠背的沙發，這樣像是來養老的，不像來解決問題的。會議中不可有任何干擾，包括送資料、茶水或接電話都是禁忌。

9. 會議紀錄應於72小時內送交與會人員並跟催

會議紀錄需經與會人員簽字，及主席認定內文無誤之後再傳交與會人員。每件跟催事項都要有窗口及時限。因爲，「時限」代表「實現」。

10. 會議資料及設備需先備妥

常聽見有的人走到樓梯口都還在問：今天開什麼會？所以在會議議程中最好寫清楚：主席報告幾分鐘、每項議題討論的時間等。這在標準的國際會議裡都會有，而一般的會議大都很馬虎。

11. 會議室的安排

祕書要了解會議室在某些公司是一位難求的，必須先登記才能排到使用權。而在開會之前，必須先了解會議的性質，才能決定會議場所要排成劇院型、教室型、馬蹄型，還是研討會型。

3. 會議紀錄與座次安排

一、會議紀錄要點

祕書撰寫會議紀錄時，初次練習可以用錄音機錄起來慢慢聽。隨著經驗豐富之後，祕書可以用筆記型電腦隨時登錄，會議結束之時，會議紀錄也就完成了。會議紀錄的長度大約是一張A4的字數就夠了，與會者能夠在5分鐘內閱讀完畢最好。會議紀錄要在開完會72小時內分發給與會者，並且先經過主管過目後才發出。撰寫會議紀錄的要點如下：

1. 要抓重點紀錄

開會時間很長，講的話雖然多，並不是每個字都寫下來，而是把要點記下來。哪些才是要點呢？祕書需要經常參加各種會議，累積經驗才能明白。在正式擔任會議紀錄之前，祕書必須經過如何摘錄要點的訓練，才不會在正式作業開始的時候手足無措。

2. 分出何者是事實？何者為意見？

會議當中雙方各執一詞的時候，可能會有言語上的衝突或不同的意見，這時要能分辨會議參與者眞正的意思。很多會議經過冗長的討論之後，根本沒有任何結論，有經驗的祕書，這時候可以技巧的向主席提出：是否要總結一下今天會議的各項議案，結論就容易呼之欲出。

3. 要懂得選擇

有些你來我往的言詞，可能含有一些情緒性的說法；這時候寫紀錄的人，就要選擇非情緒的說法。特別是年度檢討會議或是跨部門的會議，雙方各執己見、互不相讓的情形很多，會議紀錄要能跳開非理性的詞句。

4. 挑出有問題的灰色地帶

撰寫會議紀錄的時候，總會遇見三方會談的問題，可能會意見很模糊，這一類不具體的意見不要列入。有問題的灰色地帶也意味著這部分的爭議很難統合或是就地解決，舉凡這類型的討論，應該留給主席最後裁奪。

5. 要很專注

擔任會議紀錄的人，必須全神灌注，特別是不能用錄音機的時候，更要專心一意的聽出問題來。有些祕書擔任會議紀錄的工作，卻還要擔任接待或準備茶水的任務，這時候討論當中的重點，就可能會被忽略或者記錯。

6. 根據議程紀錄

事前可以把會議議程準備一份放在手邊，根據議程的先後來紀錄會比較完整。會議議程是會議的骨架，無論任何人擔任主席，都應該盡量依據既定的議程進行會議，因此祕書在會議尚未開始之前，就要仔細研讀前次和本次會議議程。

7. 記下發言者的姓名

如果對於與會者並不熟悉，祕書要先在開會以前，先和與會者交換名片，確實了解其姓名及頭銜。這些名片在入座之後，按照與會座位的次序放在祕書的桌面上，並且在會議進行中隨時確認發言者的姓名。

8. 聽一段、記一段

撰寫會議紀錄時，專心一意的先聽一段，再用文字寫出這一段的結論，而不必贅述其討論的過程。聽一段的意思是說整個討論的段落結束後，再將這個段落的內容編成句子或是章節，並非逐字逐句的寫下每個人的對話。

9. 諮詢專家的意見

撰寫會議紀錄有疑點的時候，不妨徵詢專家的意見，以便確實明白會議進行時，各單位人士所討論的專題內容。有些專業性的名詞對與會者而言淺顯易懂，但是對於祕書而言就可能艱深不了解。

二、會議紀錄的撰寫

1. 用簡短的文字及句子完成會議紀錄

會議紀錄是一種具有法律效力的紀錄和憑證。會議紀錄除了成爲憑證，更重要的是要給與會者在會後能夠很快的追蹤會議決議，並且給沒有參加會議的人能夠了解會議的內容。因此，紀錄必須用簡短扼要的文字撰寫結論，而不是逐字記下開會時的內容。

2. 用最直接的要點述說

無論會議討論如何冗長，會議紀錄都要直截了當的寫出與會者的結論，避免迂迴而又晦澀的文字。必要的時候要應用列舉式的寫法，把關鍵性的語詞與論點清晰的說明，讓即使是未參與會議的人也能對於會議內容一目了然。

3. 用客觀的角度避免批評性字眼

會議紀錄者不能本身先有立場，而是要用第三者的眼光，公正客觀的紀錄下會議討論的事實。遇見討論有激辯或是爭執的時候，會議紀錄也不能出現批評性的字眼，而是用平實的角度說明與會者的意見。

4. 避免別人看不懂的詞語

有些祕書在撰寫會議紀錄的時候，會運用現在年輕人所用的特殊語法和字彙，這在公務文書裡面是不允許的。會議紀錄是法定的文字紀錄，對於文字的苛求是有必要。

5. 運用紀錄性口吻，而非直接引用與會者的話

會議紀錄應該使用第三人稱的手法撰寫，而不是直接引用當事人在會議裡面所說的話。簡單的說，會議紀錄裡面不應該出現某某人說，這一類的話語。

6. 除非必要盡量避免提到人名

雖然在前一節提到要把與會者的人名都清楚了解，但是在會議紀錄撰寫的時候，並不需要逐一將每位發言者的人名都寫下來。主席的結論當然是例外，其他人就盡量少寫人名。

三、會議紀錄格式

1. 敘述法

直接將發言者、主席或其他與會者的對話，以敘述的語法紀錄。

2.辯言式

這種格式多半是發言者和與會者或主席之間，一問一答、交叉詰問，互有回應。可想而知，這類會議通常非常精采，與會者互動頻繁，發言次數高、速度快，所以最能考驗紀錄者功力的一種格式。

3.結論式

寫出會議最後的結論。

4.行動式

這種格式最為簡潔，就只簡明紀錄會議議題最後決定如何執行、由誰執行、何時執行、何時回報、何時完成，簡單明瞭、清楚易懂，因此也是一般企業，最喜歡應用的格式。

5.綱領式

正所謂提綱挈領，主要是按照議程順序，逐一紀錄，簡單又不失正式。大部分政府機關、民間團體喜歡選用這種格式。

四、會議議程表的撰寫

1.確認時間與地點

會議議程與通知書不同，議程是大會進行的程序表，裡面記載了時間、地點和會議的程序內容。祕書在準備這些議程的時候需要確認很多細節，即使是一個比較小的會議也是一樣。

2.與會者了解會議主題

議程表的另一個目的，是要讓與會的人員能夠明白本次會議所要進行的主題是什麼？透過議程表明確的說明，可以讓與會者快速進入狀況，並且能夠提前準備參與會議。

3. 引導會議順序進行

議程表就是程序表，順著這份程序表進行會議，會議才得以循序漸進，不至於脫序。每一種會議進行的時候，都會有議事規則和會議進行的規律，議程就是引導這種規律的基本工具。

4. 預示可以討論完畢的範圍

議程表當中所討論的範圍，是在會議之前預定的。也就是說會議要進行的時候，不能夠超出這個實際討論的範圍。有許多會議在進行的時候，往往加入題外話或是討論時節外生枝，那即是討論的範圍沒有在事前規劃妥當。

5. 議程之分發需在一週前完成

開會前一週，祕書就應該將議程分發給所有與會的人員，用意是讓所有參與者事前做準備。議程和會議通知發送之後，祕書必須確認大家是否收到，如果不夠清楚可以提早呈報主管及時更正或修改。

五、會議議程的內容

1. 會議的時間、地點

會議議程的第一個項目，就是要說明會議的時間和地點。會議的時間：一般會議不超過60分鐘，特別的會議不超過90分鐘為限。地點的選擇，要以方便與會者為原則。如果會議地點很特殊，就另外附上地址和地圖，方便與會者了解和停車。

2. 出席人次

應該出席會議的人名、頭銜和列席的顧問、長官等，都可以在議程裡面寫清楚。列出人名的時候，就可以知道有哪些人應該出席避免爭議，同時方便主席和會場的人確認人數和相互認識。

3. 前次會議紀錄

會議議程一開始，除了主席致詞以外，接下來就是要宣讀前次的會議紀錄，以便了解還有哪些事務未完成或是完全解決。前次會議紀錄的宣讀，也可以使與會人員能夠了解以前的問題。

4. 議案討論

本次會議中最要緊的，就是這一部分的討論。議案排列也有相當技巧，有時會把簡單的議案放在前面，或者將最困難的議案放在首位，須視會議的時間長短和主席的議事風格而定，祕書必須請示過後才能排列議案順序。

5. 例行事項

有些議案討論屬於例行性事項，比方說財務報告和進度報告，可以放在最前面。因爲爭議性比較小，討論時間和範圍比較容易控制。

6. 特殊議案

特殊議案乃指本次召開會議最關鍵性的事務，可能需要討論的時間長、溝通的技巧高，問題也比較複雜，這時候就得放入中後段來進行研議。

7. 臨時動議

會議到了最後階段，需要趕緊收尾。但往往此時與會者特別清醒，想要好好展現一下討論的功力，於是就會提出些與會議不相關的事情，有些主席會略過這一部分或者匆匆提到而已。

8. 下次會議時間、地點

此部分有許多會議議程會忽略，其實是必須列入議程討論或說明。在會議紀錄裡面，應該寫上會議結束的時間。

六、會議的管理工作

1. 確立明確的目標

對任何一個商業公司而言，要想讓會議開得有價值，必須要有一個明確的目標。確實做好目標管理，才能透過會議獲取所需，提供給與會者相應的價值。

2. 思考替代方案

會議給人的感覺比較正式，召開會議前三思而行，想想會議是否眞的有必要召開？是否有其他替代方案可行？會議成本是否高於會議效益？有些議題可以用小組討論的方式，快速解決；或者以簡報檔案快速傳閱，公告周知。

3. 邀請適當的人出席

有些主管習慣召開全部門會議，目的是希望全部門溝通無礙，最後卻引起部屬反彈。因爲下屬的工作時間被會議分割，加上會議當中人多口雜，討論耗時，反而適得其反。

4. 準備背景資料

每位與會者對議題的涉入程度各有高低，因此，最好在會議進行前，主動了解議題背景，做好妥善的準備，以節省解釋溝通的時間，降低衝突紛爭的可能。

5. 設定會議綱領及時間表

會議綱領是引導會議進行的流程依據，可以分爲議程和日程，裡面依序清楚紀錄議題的發言人、時間、順序、流程，能夠避免議事偏離主題，有效控制議事效率。

6. 預先設想可能的衝突

對於某些具有利益衝突的議題，應該事先召開會前會做個別溝通，避免在正式會議中爆發口角爭執，使會議成爲衝突場合。

7. 清晰而明確的溝通

清晰而明確的交流是整個會議成功的關鍵要素。想像你是一個與會者，不了解內部的計畫、程序或是準備工作，如何在最短的時間內了解這一切呢？

8. 制定會議管理規定

所謂「沒有規矩，不能成方圓」，制定一套完整可行的會議管理規定，不但可以協助大家遵循議事規則，更可提升議事效率。

七、會議室的座次安排

1. 座次安排的重要性

祕書在職場中經常需要參加各種會議，應該對於會議的座次安排有所了解，避免將長官放在小位、下屬放在大位，或是主賓不分，引起雙方不滿，耽誤了雙方良好溝通的目的。若是所安排的會議，屬於國際性事務，不當的座位安排，不只貽笑國際，甚至會引起國際紛爭，不可不愼。

2. 西式座次安排的重要原則

國際禮儀，起之於西方，在商場中或官場中，遇到西式禮節的機會很多，談到座次安排，會議室中座次安排有三大原則：一爲尊右原則，二爲三P原則，三爲分坐原則。

3. 尊右原則

依字面解釋為在右為尊的意思，尊右原則在國際禮儀中是很重要的觀念。

4. 三P原則

所謂三P，是指position（賓客地位）、political situation（政治情勢）和personal relationship（人事關係），三個英文單字的字首而言。

- ✧ 賓客地位：賓客的座次，以其地位為優先考量，位階高者坐首席，依序而下，不得僭越。
- ✧ 政治情勢：政治情勢並不是指在安排座位時，對各國外賓國籍要有大小眼之分，而是依會客對象，主方會變更相對的主人。例如：在公司開會，若公司有三位副總，有外賓時，可考量由業務副總為主導，製造副總、研發副總為輔。但若公司內部各副總已分為執行副總、資深副總等，可依職銜分出先後者，一般還是依倫理，由職位高低來排先後順序。
- ✧ 人事關係：人事關係指的是個人之間的交情，對排位者是一大挑戰。因為主客之間的談話，大大的影響會議的目的。例如：這次會議需要達成何種協議？哪些是關鍵人物？是要排在一起好，還是遙遙相對好？在談判桌上，有的還會隨談判進展而更換座位。語言也是一種考量，若將一位不會英文者，安排在不會中文的外國人旁，雙方都容易受到冷落。還有交情的背景、私人的恩怨，更不是一般人由表面上就可以理解。祕書需要蒐集足夠的資訊，安排座次時應多方顧及、多方考量。

會議室與會客室的席次安排不能出錯，一般採尊右原則，主要賓客要安排在主人右邊。

八、會客室／會議室的設備及功用

1. 會客室的設備與功用

在職場中，會客室多爲貴賓室，來訪的可能是高階長官，或是參訪團體，功用是做報告，或是禮貌性拜訪較多。會客室可大可小，椅子數目多爲雙數，有六、八、十、十二等數，視空間的大小而定。較大的會客室，可稱爲簡報室，容納人數由30人至上百人。會客室的設備，與座位相關的就是椅子，多爲舒適的沙發，還有一張共用的大桌子，或小茶几，供與會人員置放書面資料或茶水。

2. 會議室的設備及功用

會議室是開會用的，較屬於雙向溝通，會有一張大的會議桌，讓雙方可以面對面的溝通。椅子是可移動的辦公椅，不會是固定的沙發。

3.會客室的座次安排

既然會客室的功用，是做簡報，或交際性較多，座次安排上，也可依座次安排三原則——尊右、三P、分坐來考量。分坐原則較不明顯，在商場中，就是讓主賓能坐在主人右邊，依職位、功用，依序排列。例如：有客戶來訪，要先取得來訪名單，確定會客地點，然後安排我方可相對應的人數。座位安排時，可以主客穿插，不要讓同一公司的人都坐在同一邊，以利雙方人員熟悉。至於會客室的主位，以會議室的正中央爲大。

4.會議室的座次安排

開會是要討論事情的，座位上比較常見兩派人馬各自坐，決不會出現雙方人馬夾雜著坐的情況。開會時，可能是要談判、議價、檢討，這些都是要就事論事的，並不是要聯絡感情。至於兩方的長官應如何坐？通常會是相對應的，以馬蹄型桌爲例，由中間，往兩邊擴散，也就是雙方長官坐最中間，其他的人依職位大小或是功能而入座。以一般會議室長桌爲例，兩方人馬各坐一邊，操作設備的人要坐在最前面，會議主持人也會坐在前面，以便控制全場。主持內部會議時，長官會選擇坐最前面。如果是外部會議，通常長官會坐在中央，以便隨時諮詢兩邊幕僚。

5.諮詢主管

會議座次的安排，祕書要先讓主管知道，諮詢其意見。有時主管對會議室的選擇、座次的安排會有特殊的考量，多一分準備，就多一分把握。

6.座位安排學問大

如何安排會議的席次，也牽涉到與會人員的人際關係。會議

席次的安排是一門大學問，除了幕僚應隨時提供資訊做適當安排外，主席更應深諳座次安排的道理。如果幕僚對會議的內容與公司人事狀況了解的話，透過安排議程與座次，還可以化解掉原先可預見的衝突。

7. 權力均衡

為了不讓會議的權力偏重一方，主管們不宜坐在一起，各部門主管與部屬最好穿插著坐，同部門的主管與部屬不要坐隔壁，而應坐斜對面，部屬才能暢所欲言。不過，欲協助主管開會的部屬，則可以坐在主管右手邊以備諮詢。

8. 調節衝突

利用座位的布置，也可以調節一些可預見的衝突。例如：不要安排原本就針鋒相對的同仁面對面地坐著開會，可安排他們坐較遠的斜對面、或坐成L型，中間隔幾位能緩衝兩位歧見的同事。

9. 會議桌形

比較合適的會議桌，最好是圓形或橢圓形的，方桌會給人談判、好像戰場的感覺。

10. 備用椅子

在會議或會客時，偶爾會有不速之客，此時應要有足夠的備用椅子，才不會影響會議或活動的進行。會議人數的掌控，亦為座位安排時需注意的。

4. 不可不知的會議禮儀

一、開會時的陳述禮儀

1. 運用數據

善用數據，簡化說明過程，加速其他與會者了解陳述事項的來龍去脈、因果關係。

2. 發言以3分鐘為限

會議時間有限，發言者應該言簡意賅，盡量不要超過3分鐘。

3. 開場白和結論盡量簡短

主席、主持人或引言人在進行開場白或爲議事下結論時，應該簡單明瞭、切中要點，不要過於冗長，讓人失去耐心。

4. 加強陳述技巧

陳述議題時，要懂得掌握喚起聽者注意、讓聽者了解訊息、熟知說服聽者的原則，引導聽者循序漸進、深入淺出，才不會有資訊過多，讓人頭昏腦脹的感覺。

二、開會時的發問禮儀

1. 蒐集資料、提供資料

提出問題、質詢問題是一項藝術，除了要嫺熟該項議題，也要蒐集充足的資料，發問方能一針見血，讓人佩服。否則，會讓其他與會者認爲你對議題認識不足，自曝其短。

2. 尊重他人意見

不論對答覆者的回應是否滿意，都應該予以尊重，做個有風

度的與會者。

3. 常說「請、謝謝、對不起」

用「請問……」開始發問，用「對不起……還有一個問題……」轉折問題，用「謝謝！」結束發問。

4. 態度良好

提出問題的目的是要交流意見，因此，切忌咄咄逼人，免得引起紛爭，更破壞自己的形象。

5. 言歸正傳

發問的內容，必須符合會議的議題，不可偏離主題，或問一些與議題毫不相關的問題。

三、開會時的答覆禮儀

1. 由主席答覆

主席的答覆，通常要依據議事規則，立場中立。其答覆內容亦視爲決議，祕書必須詳實紀錄。

2. 由其他與會者答覆

回覆他人詢問時，可依據個人專業知識作答，但不得誇大、過於自負，要知道「人外有人、天外有天」。回覆的目的是說服提問者接受你的看法，因此要懂得尊重對方，謙虛有禮。

3. 發問者本人答覆

自問自答的情況多半發生在比較專業的議題場合，提問者可能先徵詢與會來賓的看法，但因爲問題過於專業，所以由發問者解答，這種情況，發問者通常也是演講者或主講人。

4. 引用名言、借用先例

答覆的重點在於佐證，因此引經據典是必要的。多引用名言錦句，採用案例說明，加上交叉比對，可以達到一針見血之效，有助提問者了解解說內容。

5. 透視發問者之動機與意向

回覆時，要觀察發問者的反應態度。有些人只是在測試你的專業程度、有些人是眞的不懂、有些人是對該項議題深感興趣，回覆時要多方揣摩對方的動機和意向，對症下藥，才能藥到病除。

6. 確定發問者對回覆內容的感受與理解程度

每個人的理解能力和反應速度有高有低，因此在回覆時，要善用「請、謝謝、對不起」，不時確認對方對回覆內容的了解程度。若有必要，則主動補充，或會後另行說明。

7. 用「我們」取代「我」、「你」

用「我們」來陳述，可以讓發問者感同身受，覺得你們沒有立場差異，打破問答兩造之間的隔閡，達到雙贏的境地。

四、開會時的傾聽禮儀

1. 眼到

傾聽他人發言時，應該態度和善，直視對方，不可忙著翻閱資料，疏忽注目禮節，或因爲意見分歧而怒目相視。

2. 心到

用心聆聽，展現誠意，對方可以立即感受到善意，雙方相互尊重，用心溝通，才能展現會議禮儀風範。

3. 腦到

確實記住他人發言內容，迅速在腦中整理、分析，並適時給予回應，提供相關資訊。

4. 手到

在他人發言結束時，立刻摘錄內容。如果怕忘記需要一邊寫、一邊聽時，一定要不時抬頭注視對方，用眼神給對方一點回應。千萬不可從頭到尾忙著低頭書寫，而疏忽眼到禮節。

五、會議失控失禮的原因

1. 發言離題

每個人的表達能力好壞不一，但是要針對議題發言，這不是難事。與議題無關的事情，不要花費過多時間說明，以免引起其他與會者反感。

2. 交頭接耳

試想，如果有人不顧你的感受，就在你面前講悄悄話，心裡一定會非常不舒服。同樣地，在會議進行中，無視其他與會者存在，反而自顧自的交頭接耳，低頭討論，不但產生噪音，更是無禮。

3. 心有旁鶩

進入會議室，其他承辦業務應該先放下，不要一邊開會、一邊處理其他事務，造成議事效率低落。

4. 發生爭論

發表言論應做善意表達，對事不對人，更不可指名道姓，言詞犀利批評他人。如果不幸發生爭執，也應適可而止，顧全大局，不可擴大事端。

5. 壟斷會議

有些人發言次數異常過多，或針對某項議題，結黨操作，壟斷會議進行，使得會議無法有效發揮功能，實在是無法令人欣賞的失禮行爲。

6. 急於離席

與會者有時因爲時間壓力，或有其他待辦事項需要處理，因此急著離開，連帶影響發言意願，降低其對會議的投入程度。

7. 服裝不整

「人要衣裝、佛要金裝」，會議場合是展現個人涵養的絕佳場合，與會者應該替自己塑造良好正面形象，先從服裝整齊，儀容端正做起。

8. 消極參與

與會者對議題漠不關心，會議進行鴉雀無聲，場面尷尬，無法繼續。

9. 毫無準備

收到會議通知後即開始準備相關資料，不可抱著草率心態，毫無準備。一問三不知是最失禮的會議表現。

10. 遲到缺席

經常遲到，這樣的傳統與習慣絕對不可帶入工作環境。尤其e化企業分秒必爭，延誤1秒鐘都可能與商機擦身而過。因此，最好利用「會議管理規定」，明確制定處罰條例，嚴格執行，以端正與會者遲到的失禮行爲。

開會時交頭接耳，是很沒有禮貌的行爲。

11. 接聽電話

進入會議會場應該主動將手機關機，並在自己的分機或手機中留下語音訊息，讓來電者知道你正在參加會議中，不方便接聽電話，好讓來電者採取其他適當的行動。

12. 進進出出

端茶、接聽電話、簽收郵件、臨時會客、或主席自己因故離席等，都會打斷與會者的注意力，影響議事效益。

學習便利貼

✧祕書在會議前後的角色與工作，將不僅於紀錄與準備會議現場設備，並會涵蓋各類專案管理的跟催與進行。

✧傳統會議的定義就是一組8～12個與會者的桌面式討論，研究事理、達成決議、解決問題。議題則是事前安排好的，事後必須有會議紀錄。

✧大部分的會議最重要的就是要提供與會者新的資訊，也就是要把現有的最新資料，呈報給大家知道。祕書在這部分的工作很重要，經常在開會之前蒐集各單位的資訊加以彙整，這是祕書的任務。

✧會議時常會有3：3：3效應：就是會前解決三分之一、會中解決三分之一、會後再解決三分之一。

✧視訊會議是指兩個以上的人在不同地點，通過通訊或網路設備，進行面對面的交談。

✧祕書在會後的主要工作，除了需要把會議紀錄準時分發給與會人員，同時還要適時的跟催會議結論所提到的問題。

✧祕書撰寫會議紀錄時，初次練習可以用錄音機錄起來慢慢聽。隨著經驗豐富之後，祕書可以用筆記型電腦隨時紀錄，會議結束之時，會議紀錄也就完成了。

✧有些祕書在撰寫會議紀錄的時候，會運用現在年輕人所用的特殊語法和字彙，這在公務文書裡面是不允許的。會議紀錄是法定的文字紀錄，對於文字的苛求是嚴謹的。

✧事前可以把會議議程準備一份放在手邊，根據議程的先後來紀錄會比較完整。會議議程是會議的骨架，無論任何人擔任主席，都應該盡量依據既定的議程進行會議。因此祕書在會議尚未開始之前，就要仔細研讀前次和本次會議議程。

✧開會前一週，祕書就應該將議程發給所有與會的人員，這是為了讓所有參與者事前做準備。議程和會議通知發送之後，祕書必須確認大家是否收到。如果不夠清楚，可以提早呈報主管及時更正或修改。

✧三P原則：所謂三P，是指position（賓客地位）、political situation（政治情勢）和personal relationship（人事關

係），三個英文單字的字首而言。

✧進入會議室，其他承辦的業務應該先放下，不要一邊開會、一邊處理其他事務，造成議事效率低落。

✧進入會議會場應該主動將手機關機，並在自己的分機或手機中留下語音訊息，讓來電者知道你正在參加會議，好讓來電者採取其他適當的行動。

隨堂小測驗

模擬簡單的會議室，演練下列項目：

✧客戶3人來訪，公司3人接待。

✧依職位高低，各就各位。

模擬簡單的會客室，演練項目如下：

✧客戶3人來訪，公司3人接待。

✧依職位高低，各就各位。

以上案例以圓桌、方桌、長條桌之排位圖，各畫出一張，說明桌形、人數、主賓客位置及順序。

座次安排的一般原則有哪3點，依順序列出，並對每一要點詳加敘述。

03

打破文化障礙
溝通管理

「全腦思維分析」是由emerge（發生）和genetics（遺傳學）兩個單字所構成的新單字——emergenetics。全腦思維分析系統是一種自我能力活化的終極武器，能夠強化人們的長處，讓我們無須改變，就能充分發揮個人特長。無論是誰都一定具備多元才能，以及與生俱來的天賦，而我們該做的，也一定要做的，就是讓自己本來就擁有的能力得到最大的發揮。每個人的基因都是與生俱來的，所謂人的本質就是你基因的傾向，以及20歲前的人生經驗作為基礎所建構而成。我們完全不需要捨棄自我，反而是要讓自我得到充分發揮。

～中村泰彥（Yasuhiko Nakamura）～

前　言

隨著科技的進步，人類對於自身的了解也越來越接近事實。許多管理學者與科學家，都在最近這些年提出更多分析人類行爲動機與腦部活動的關係，職場的員工，更加知己知彼，增強互補性，同時也能建立更優秀的團隊。祕書工作是行政管理職能的一員，介於主管、同事與客戶間，有許多微妙的溝通方法需要經常學習。補充自己的知識，加強心理分析的能力，以便溝通無礙，做到知己知彼、百戰百勝。同時，隨著企業發展需要，跨文化與跨組織溝通及協調能力，也需要祕書學習。溝通不僅是口頭言語，更是行爲藝術與心態調整。溝通的能力是建立在學習一套口才的藝術，養成習慣，並且能在日常工作中，展現溝通的誠意與魅力。

案　例

剛才小姚接了一個電話，心情驟然下降，變得很不開心。原因是昨天下午開會的時候，老闆一再交代，年底快到了，各單位的年度計畫，必須要在本週內完成上報。這些報告須提交財務審核，並且給副總看過，最後才能給總經理確認。結果呢？今天早上她才剛打給業務部門，那邊的承辦人就給她潑了一盆冷水。說什麼他們很忙，根本不可能在這個禮拜交報告，態度、語氣都很差。請問，如果你是小姚的話，會如何處理？

1. 是不是馬上把這種情形告訴老闆？
2. 是不是在電話裡就告訴對方，這是公司規定？
3. 是不是直接把昨天的會議紀錄發給對方，告訴他事情的原委？
4. 是不是問他是否需要幫忙？
5. 是不是以後不要再催他們了？

如果其他單位也都是這樣，那小姚該怎麼辦？

學習直通車

1. 溝通的現代意義與祕書應知的口才藝術
2. 面對主管，祕書應知的溝通技巧與禁忌
3. 面對同事，祕書如何得心應手的溝通無礙
4. 面對客戶，祕書應有哪些溝通的禮節

1. 祕書必學的談話藝術

溝通是一輩子也學不完的課題。原因很簡單，這世界上每個人的個性都不一樣，所以人們必須學會能夠巧妙應對每個人的能力。祕書工作，是主管、員工和客戶三者之間的橋梁，很容易動輒得咎。再加上不見得每位祕書都具有天生的口才能力，所以在職場免不了會遇見諸多困擾與挫折。這時候的當務之急，就是要請教溝通高手。盼望對方能教你幾招溝通的方法，巧妙應對那些十分難以應付的人。

一、溝通的基礎理論：卡內基訓練

1. 卡內基課程

《卡內基溝通與人際關係》無疑是全世界最普遍學習溝通的課程。依照字面的解釋，溝通就是指人與人、人與群體間，思想與感情的傳遞。如何順暢的彼此了解，達到和諧而完整的交流過程，就是溝通的主要目的。1912年，卡內基當上了公共演講課的教師，這正是他未來創辦卡內基訓練的起點。他誤打誤撞地找到了征服恐懼的最佳方法，就是請學員發表簡短的談話。卡內基不要求學校裡教授公開演說的方法，只請學員講出自己最感興趣的東西，一些最簡單的話題。他發現，很多人不善於表達，是因爲他們內心深處有一種懼怕——懼怕表現自我。而一旦人們談到自己內心深層的感受就會滔滔不絕，那時的人們說話完全是跟著感覺走。此後，卡內基發展出一種特殊的訓練方式，集結了演講技巧、溝通、人際交往、實用心理學等組合，作爲卡內基訓練的核心。總共16節課，包括擺脫憂鬱、團體勵志等。

2. 卡内基贊成這樣的觀點

個人事業上的成功，只有15%是由於專業技能，而其餘85%是依靠溝通與人際關係。因為他著眼於自信心的培養和人與人之間的溝通，讓人們受歡迎、事業順利。卡內基的溝通哲學是：溝通可以創造贏家，那就是溝通者眞正的自我。贏家展露自己，而不討好或觸怒他人。《卡內基溝通與人際關係》具有如此巨大的魔力，它的銷售量僅次於《聖經》。在當時，這本書帶給了逆境中的美國人信心與力量。

3. 卡内基發現這樣的事實

曾經遭受的批評確實大大地影響了學員的情緒，他們非常不喜歡受到批評。批評猶如摘下人的自尊與面子，常常只會帶來反效果，甚至會對人造成傷害。「不批評、不指責以及不抱怨他人，應該成為我們的準則」，此為卡內基訓練的第一條，成為開啓良好溝通與人際關係的金鑰匙。卡內基說，想像有一位園丁，當他栽種的植物成長不如預期時，他不會責備植物，而是提供它們更好的成長條件。孕育人際關係，也是相同道理。我們千萬不要用批評去趕走人心，批評或許能贏得一次爭論的勝利，但透過不批評的辦法，往往能夠贏得人心。這顆心蘊藏的勇敢、眞誠、毅力，才是我們所能贏得最為寶貴的東西。

4. 溝通的範圍與層次

溝通是彼此間，對於某一欲進行溝通的目標，藉由不同的媒介產生一種訊息傳達與社會互動的過程。在溝通的過程中彼此了解溝通所傳遞的內容，對於訊息內容做出共同的回應。溝通的範圍極為廣泛，其所包含的層次可以分為3種：

- ✧ 自我溝通：是指個人內心的自我對話或獨白的一種過程。

✧ 人際溝通：是一種人與人之間的訊息交換與互動。

✧ 大眾溝通：可藉由傳播媒體的協助，進行多對多式的溝通，或是不同文化之間的溝通。

5. 運用溝通解決問題

祕書在辦公室裡面，擔任的是橋梁角色，也是決策者的守門人角色。很多時候，祕書的人際關係好壞，就成爲祕書是否能夠成功的不二法門。居中協調或者是傳達事件的時候，如果有好的人際關係往往可以事半功倍。相反的，如果在辦公室裡面沒有好人緣，那麼很多事情眞的很難推動。

6. 相互的了解、尊重和溝通

主管要求祕書完成的事情，有時候在祕書的認知上面，可能是不明白或是不了解的。這時候，有些祕書會直接向主管請求支援。但是也有很多祕書，不敢及時的向主管提問有關的意見。這時候，雙方可能造成的誤解，就要及早的溝通達成共識。主管和祕書必須及早建立良好的溝通管道，相互了解、尊重與溝通，這樣雙方才能達到互信互補的工作效果。

7. 問題自己找答案

現代祕書最大的不同，就是需要自動自發的工作態度。所謂自動自發是指在心態上面，要能夠把公務當作自己分內的工作，而且堅持一定要能做好，不會因爲任何理由推託。所以，對於主管的指示要在時效內完成外，更需要能夠在事情發生之前，就預測到事情的演變，主管可能會採取哪些步驟？

二、語言溝通與非語言溝通

1.溝通分為口語溝通和非口語溝通

口語溝通是指藉由共同的符號、語音、聲音、想法以及情感交流等有系統的溝通方法。非口語溝通則包括肢體語言（動作）、音調、情境、燈光及色彩。溝通也是指二人或二人以上彼此之間傳遞訊息的互動方法。溝通是人際互動的工具，係指彼此分享、一起討論研商，建立共同看法或一起解決問題的方法。

2.7：38：55定律

美國學者阿爾伯特・麥拉賓認爲，一條資訊所產生的全部影響力中7%來自於語言（僅指文字），38%來自於聲音（其中包括語音、音調以及其他聲音），剩下的55%則全部來自於無聲的肢體語言。雷・博威斯特則指出，在一次面對面的交流中，語言所傳遞的訊息量在總訊息量中所占的份額還不到35%，剩下超過65%的資訊，都是通過非語言交流方式完成的。人們對一個陌生人的最初評判中，60~80%的評判觀點都是在最初不到4分鐘的時間裡就已經形成，而這些多半是指個人的非語言溝通。

3.非語言溝通的種類

- ✧ paralanguage 準語言階段
- ✧ appearance 面容
- ✧ gestures 姿勢
- ✧ touch 身體接觸
- ✧ external cues－space and time 外表的特徵—時間和空間

4.觀察動作就能了解

一個訓練有素的人，透過傾聽他人的話語而分辨出此人的姿

勢動作；甚至可以通過只觀察人們的動作，而判斷出他們的語言。肢體語言是一種體現個人情感的外在表現形式。每一個手勢或動作，都有可能成爲我們透視他人情感、情緒的關鍵線索。

5. 凡事察言觀色

看情形、看情勢處理問題，這就是要察言觀色。有些祕書經常處於兩難間，例如：處於主管和同事，兩大之間難爲小。如果同時要爲兩個老闆服務或是一群工程師服務，那麼這些人之間彼此的消長、矛盾或是互動，有可能會給祕書造成協調上的困擾。這時候祕書就必須適時的了解問題的眞相，同時還要明白自己如何自處、如何因應。

6. 做事很有分寸

做事有分寸的定義很難拿捏，有些人不明白怎樣才叫分寸。分寸就是對於事情的深淺程度要能夠體會，而不會誤判情勢。舉例來說，如果有客人來到會議室的時候，祕書沒有得到主管的首肯，不能隨意發表自己的看法。對於工作倫理和職業道德，要能夠嚴格遵守，不可將公務機密不經意的透露給外人。

7. 話不多但很中聽

祕書要擺脫傳統花瓶的形象，其中要注意的問題，就是不要話說太多。相信沒有老闆會喜歡嚼舌根的祕書，最好是能夠完全領略到主管想要知道什麼，祕書再發言。相對的，當祕書要發表自己的看法和想法的時候，對於主管一定要保持要言不煩，而不是說很多不中聽的話來搬弄是非。

祕書夾在主管和同事間，凡事要察言觀色，減少協調上的困擾。

三、人際溝通的主要理論

1. 四大需求

根據歷來對於人際關係的說法，主要來源是因爲人與人之間有與生俱來的四大需求：

- ✧ 第一是佛洛姆（Fromm）的關聯需求，意思是人和人必須接觸。
- ✧ 第二是馬斯洛（Maslow）的歸屬需求，也就是人必須依附團體。
- ✧ 第三是指夏特（Schachter）及馬瑞（Murray）的親和需求，也就是人在害怕時需要別人。
- ✧ 第四是莫利思（Morris）的接觸需求，也就是人渴望最基本的接觸，肌膚之親，所以很多人沒病也去看病。

2. 人際關係建立與參與

人際關係的需求產生，是由於以下的幾種原因：

✧ 除去孤獨：必須爲自己排除寂寞和孤寂的感受。

✧ 刺激：人類需要刺激，沒有刺激無法生活。

✧ 自我了解：人要能夠從這裡找到自我。

✧ 學習適應：人要在人群的世界學會如何適應。

所以，人與人之間必須建立人際關係。

3. 曝光效應

人際相處的「曝光效應（mere exposure）」，就是人與人之間看久之後，就會「越看越美，見怪不怪」。所以，要讓別人留下良好第一印象，在開始交往的前4分鐘就已定未來發展。這包含了對方的禮節、態度、個性、說話尺度等。

4. OK理論

溝通分析學者柏恩（Berne）的OK理論提及，人分成4種類型：

✧ 我不好，你好（I am not OK, You are OK）——自卑型

✧ 我不好，你不好（I am not OK, You are not OK）——否定型

✧ 我好，你不好（I am OK, You are not OK）——挑剔型

✧ 我好，你好（I am OK, You are OK）——接納型

每個人要能夠有良好的人格特質，包括眞誠（sincerity）、誠實（honesty）和忠誠（royalty）。

5. 解決問題的途徑

祕書了解人際關係，主要原因是要用在解決問題。解決問題的方法捷徑有很多，例如：

- ✧ 學習同理心，將心比心、就事論事。凡事要從不同的角度觀察。
- ✧ 注意傾聽，學習反射性的聽，聽出問題的核心。
- ✧ 雙向溝通，而非單向的自說自話。
- ✧ 對事不對人，不惡意批評。
- ✧ 反覆整理對方的想法，不斷提出新的觀點。
- ✧ 確實找到關鍵，要記得事情的關鍵多半隱藏在幕後。
- ✧ 多用我字開頭講話，避免總是以「你」或「他」開頭。
- ✧ 願意妥協、和解。
- ✧ 注意資訊的來源。
- ✧ 不要害怕說「我不知道」。
- ✧ 傳遞就是溝通，不可能毫無遺漏。
- ✧ 跳出非此即彼的陷阱。
- ✧ 找尋適當的時間及地點溝通。
- ✧ 放輕鬆一點。

祕書要學習解決問題的捷徑，學會傾聽、雙向溝通。

6. 建立學習性組織

所謂學習性組織，就是建立一種分享彼此學習，而又能夠將資料轉化爲資訊，成爲知識智慧的知識管理過程。祕書時常疏忽了自己手邊工作的重要性及機密性。學習性組織是要將所需要的資訊加以連結，而且將有用的都能保留成爲知識智慧。祕書如果故步自封，就會漸漸變得夜郎自大，更沒有成長的動機。

四、祕書如何培養口才

1. 口才與儀態

口才訓練是擔任接待性質的祕書人員，所不可或缺的功課。眞正的口才是簡短、誠摯、切題，而不是口若懸河、滔滔不絕的講個不停。儀態則以穿著、化妝、姿態、表現全方位爲主，其方式也因企業文化及個性互異。無論是口才或是儀態的培養，都需要祕書平時花功夫訓練和學習，這種能力並非一蹴可幾的。

2. 口才並不是天生的

口才是不斷訓練及培養的結果，也是歲月累積的成就。聲音可以訓練，也必須不斷矯正，才有更好的傳達效果。每個人講話或多或少有語病，自己難以發現，如果能用錄音機錄下來自己講話的內容及過程，就可以輕易的了解自己問題所在。

3. 練習介紹自己

介紹自己的過程比較簡單，因爲個人對自己的了解畢竟比較充分。有些人在短短5分鐘內，就能夠把自己的特點突顯出來；而有些人只能說：「大家好，我的名字是XXX，今年X歲，就職於XX公司，謝謝！」這樣的介紹，有和沒有差不多。所以要先想想，如何能在短短幾分鐘內，給聽衆深刻的印象，必須加上一些巧思。例如：自己長得胖，就可以說：我是小象隊五號等，就能加強別人更深刻的印象。口頭介紹與寫自傳不同，自傳是資料越豐富越好，而「自我介紹」是找到特色，加以發揮，有點無中生有、加油添醋的味道。

4.練習介紹組織

每位祕書都應該爲了自己的工作單位而努力，所以了解這個組織就是自己的責任。接待外賓時若能常讓祕書有機會介紹自己的工作場所、組織及產品等，無形中就會增加大家對祕書及公司的了解與認知。介紹組織前，要先把公司的簡介用心看一遍。然後再加上自己的了解及體會，並且運用自己的語氣及熟悉的語言，才能說清楚。要知道簡介自己的公司及產品，對聽衆來說，可能只是一種很無聊而又聽不懂的事，祕書的挑戰就是讓別人不僅聽得懂，而且非常有興趣，這一點可以從聽衆的表情及發問與否來看。如果聽衆問題很多，就表示成功的吸引他們的注意力，也就可以輕鬆愉快的過這一關了。

5.練習介紹別人

在公開場所或公司內部的活動裡，介紹同事、主管、或朋友，要如何開口，這其中還包括已經認識的或是素昧平生的。如何以活潑生動的語氣，使聽衆迅速了解且喜歡認識這個人，就涉及事前的準備及充分的思考。介紹別人最難的是：正確的評價。如何去引用一些形容詞界定這個人，非常不容易。譬如說，這個人是剛愎自用的人，要如何很巧妙的跳過這個字眼而讓人了解他的個性。這個人若是個性圓融、溫文儒雅，又如何找到這樣的字眼來形容他？所以，要正確選擇「描述性」的語言很難，這其中又要加上祕書的評斷且又不失眞，就更不簡單了。

6. 練習介紹產品

到這個步驟，祕書可能可以擔任公關專員了。因為，凡是介紹產品之前，總免不了要先介紹自己及公司，所以，介紹產品是更上一層樓。介紹產品的目的當然是要吸引別人注意，進而購買介紹的東西。可是，千萬別忘了，產品本身不一定是毫無瑕疵。例如：介紹的是一種晶片或一種連結器，有時說破嘴別人還是不知其所以然。這時就得配合手勢、圖片、實物、例證等，讓人很快明瞭才能再談下去。如果什麼都沒有，也能讓人憑空想像，那就更神奇了。

7. 擔任活動主持人

公司舉辦慶生會、旅遊、讀書會等，會使員工變得活潑有創意，也是訓練口才的機會。這時會發現許多意見領袖。但是，會開口的好像永遠就是那幾個，這也阻礙了那些沉默的大眾練習自我、開發自我的機會。主管因此要留意多讓祕書有機會上臺，這樣才能大幅提升口才。

8. 加入祕書社團

祕書若能進一步加入社團組織，參與服務，那就更有機會接觸「說」的機會，成長的過程當然就更快、更迅速。

五、祕書如何為企業做簡報

1. 簡報技巧

簡報雖然並非是祕書的工作，但是專業祕書的行政工作，往往少不了要從事簡報的服務。特別是公司具有產品，或是服務單位是掌管業務的時候，簡報更是極為頻繁的日常工作項目。

2. 蒐集資料

簡報之前，必須要蒐集足夠的資料，先製作相關的手稿。如果要做一個業務報告，重點要放在(1)經營計畫；(2)績效分析；(3)目標達成率；(4)市場競爭變化；(5)財務報告；(6)銷售預測；(7)專案進度；(8)組織人事；(9)策略建議。

3. 簡報內容

如果是一份產品介紹的話，簡報內容則需要涵蓋：(1)背景介紹；(2)開發團隊；(3)產品特色；(4)優劣勢分析；(5)市場競爭力；(6)財務預測。

4. 製作投影片

手稿完成之後，接下來要製作成投影片或者是多媒體影片。後者需要的技術問題較大，最好交由專業的服務公司製作。前者運用電腦的PowerPoint製作即可，現代企業都普遍採用此軟體，是必修的科目。

5. 製作PowerPoint注意事項

- ✧ 計算時間：簡報以15～18分鐘爲限。說明超過30分鐘會使人昏昏欲睡，所以準備投影片以這樣的時間爲標準。一般而言，每一個小時準備18張投影片就足夠，太多會使人眼花撩亂。
- ✧ 七的原則：製作簡報有所謂七的原則（Rule of 7），意思是每一張投影片不要超過七行；每一行不要超過七個字。如果字跡太小，觀衆可能看不見，即使看得見，也記不住。
- ✧ 投影片設計：如果放映的地點背景很暗，須使用亮一點的底色設計。例如：在大禮堂演講人數很多，這時投影

片的底色設計要簡單明瞭；但是如果場地很明亮，則使用深色爲背景。

✧ 播放原則：在尚未正式上場以前，投影片要親自操作一次，看看播放的效果如何。如果出現的方式太快或太慢，都要預做調整。動畫或插畫不要太多、太複雜，否則會令人注意力無法集中。

✧ 檢查設備：現場是否具有相關多媒體放映設備？如何操作？電腦與單槍投影機是否能夠同步？有無投影筆？還是沒有螢幕？問題的發生將導致現場放映的困難度。

6. 注意服裝儀容

擔任簡報工作時，需注意自己的服裝儀容。簡報是正式場合，如果穿著深藍色套裝會顯得專業；如果穿著咖啡色會使人想睡眠。色彩十分絢麗的話，觀眾注意力會分散。

7. 報告內容以三點敘述較妥當

第一是開場、第二是主題、第三是結尾，三段要相互輝映、相互關聯。結尾要提出一項問題給聽衆思考，讓聽衆記得你的簡報說明。

8. 平時多練習口語技巧

簡報技巧與口才訓練有關，必須平時多加實地演練。照著鏡子來練習，並且用錄音機矯正口語的毛病，這對每一個說明者都是必要的過程。

學習做簡報、製作投影片。

六、祕書如何加強外語能力

1. 專業祕書必備能力

祕書的條件之一，就是要有良好的外語能力。學語文，依靠的是決心和環境，與能力其實關係不大。有人怪自己記憶力不好，有人說時間不夠，但勤能補拙，只要有毅力，就可以愚公移山。

2. 說寫能力不能缺

大部分的公司現在都需要全民英檢的資料，能夠在學校先通過考試檢定，對自己將來面試會有很大的幫助。公司要求的英文能力，最主要的是說和寫的能力；特別是回應網路郵件的能力。

3. 學外語的環境

出國3個月，天天和外國人住在一起，那就自然流利。沒有機會出國怎麼辦呢？建議參加英語俱樂部，像世界上有名的

Toast Master Club，就能使自己非說英語不可。現在這一類的俱樂部很多，若是找不到，就在公司內部組織一個也可以。或者三五好友組織起來，邀請一兩位外籍朋友定期到家中聊天，就會有效果。

4. 語文文法

其實文法只是學外語時，因爲想學快一點，找出語文的特點而產生的公式而已，一些基礎的東西在學校都已經會了。所欠缺的是練習，使其熟能生巧而已。如果被文法嚇到而忘了該怎麼說，倒不如根本不要文法。因爲，語言的目的，最重要的是溝通，其次才是完善的表達。

5. 背單字的訣竅

許多祕書會抱怨單字很難背，又說年齡越來越大，記不住了。其實，經常用的單字絕不會超過一千個，每天背一個，3年之內也全背會。還有，學語言必須念出聲來，每天站在空曠的地方大聲朗讀，可以達到事半功倍的效果。相反的，如果只是用看的，不能用講的，那就跟沒學一樣。許多外國人會講國語，但不會寫。由此觀之，講出來才是最重要。

6. 利用機會與外國人交談

公司若是有外國人，應多找機會與他們交談。可以利用下班的時間，先從簡單的打招呼學起，漸次加入一些自己有把握的話題。如果英文不太流利，就不妨多聽，保持微笑。西方人沒有什麼面子的問題，即使講錯他們也不會介意。

7. 先決定學習項目

爲了要強迫自己學英語，許多祕書於是不惜重金，去補習班。上補習班之前，每個人必須決定自己到底要學什麼？是商用會話、觀光英語、實用文書，還是文法。許多人始亂終棄的原因，是因爲自己也不清楚要的是什麼？程度在哪裡？盲目的開始，草草的結束，反而徒勞無功。

8. 依程度選課

在下定決心之後，祕書要先想清楚自己的目的和程度，然後才找方法及老師。有許多教學都宣稱自己有速成法，基本上，這是障眼法。學習語言是最花時間的事，是終生事業，絕不可能速成。

9. 用字與語音

語文能力的好壞，通常是看用字，其次聽語音。用字很難，因爲要了解文化背景，還要深究同義字的深淺。語音也一樣，從小使用的，和後天養成的硬是不同。

10. 看報章雜誌學修辭

如果外語有了基礎，下一步就是學修辭了。這時，必須聘請專家來修改作品，將自己的作品給老師看，揣摩他的語句，了解錯誤的原因，進步就會很快。有人選擇精選佳句或由報章雜誌摘要背誦，這也是好方法。有道是，讀得唐詩三百首，不能寫詩也能吟。

11. 找到好老師

好的老師很重要，他們會不厭其煩的指出錯誤，並且給予正確的方法引導。依照階段，祕書需要的是指正語音、會話、文法、修辭的老師。這些人的功力是不同的，祕書要找出自己的需要，也要爲自己找到好老師。

12. 創造運用的機會

給自己創造機會是極爲重要的，否則語言久久不用，也會生鏽。在工作中若常有機會用外語，但機會慢慢遞減，此時祕書最好就交一位外國朋友，三不五時請她吃個飯，帶她去玩玩，參加一些中國人的活動，用以活絡自己的語言。常聽外語電臺、歌曲、教學節目，也有溫故知新的效果。

13. 國際語言的重要性

世界是個地球村。國際語言能力越來越重要。現在只有母語能力的人，很快是商場敗將。即使一個普通人都會發現，越來越多的廣告、標籤、標示都是用外國語，不懂得的人就好像鴨子聽雷一樣的麻煩。語言能力已是基本工作要求。外語能力強的人，薪資比同職等、學歷的人高出20%以上。

七、跨文化溝通

隨著科技時代的來臨，世界成爲一個眞正的地球村。開放的視野與跨文化的商務溝通，變得極其重要。祕書在職場上學習與同事或客戶相處，經常會遇見跨文化溝通的問題。因此，很有必要及早學習跨文化溝通的概念。

1. 什麼是跨文化溝通

是指不同文化背景下的人們彼此溝通的行爲。例如：祕書是中國人，而老闆是外國人，此即跨文化溝通的開始。如果服務對象是外商公司，美商與日系又有不同。美商公司制度引導企業的進行，而非靠人脈關係。在美商工作的祕書如果外語能力強，觀念新、並與國際接軌，將增加工作的便利，尤其在各種單據、報表、報告等格式之塡寫。日系公司階級意識很注重，不能逾越尺度。在日系公司工作的祕書，言語、態度要較爲嚴謹。日系對女性的尊重程度與美商不同；如果進入日系公司單位工作發展，想要快速升遷成為主管或領導，要比一般美商公司速度慢。

2. 跨文化溝通的障礙

可能發生在國際間，也可能發生在國內不同的文化群體間。例如：兩岸貿易日漸頻繁，有很多相對不能互通的文化特質，也會讓溝通產生很大的障礙。這些障礙主要發生在幾個方面：

- ✧ 語言表達：即使同一類語言，在不同地區所使用的規則卻不同。例如大陸講的是「地道」的「漢語」，臺灣說的是「道地」的「國語」。
- ✧ 非語言障礙：中國人豎起大拇指，表示很「讚」；很多其他國家，則以倒過來的大拇指，表示很「讚」，豎起大拇指表示很差。
- ✧ 缺乏共享性所造成的障礙：由於文化差異，雙方的價值觀、行為習慣等方面均不同。雙方對事物的感知和偏好不盡相同，而造成障礙。例如：企業文化的理念，偏重職業道德還是品質商譽。
- ✧ 民族優越感所造成的障礙：總以自身的文化為標準，衡量對方的文化價值觀，評斷對方的是非善惡。例如：猶太人和德國人，民族優越感比較強烈。
- ✧ 定型觀念造成的障礙：定型觀念就是把某些人列為固定的群體，根據群體的共同特徵，把對方視為那樣的典型。例如：遇見非洲人，就以為對方是貧窮落後的象徵。
- ✧ 文化衝擊所造成的障礙：對於陌生的環境或者陌生人所帶來的不適應性，造成自己的不安或者反抗，使得溝通大打折扣。例如：祕書出差到一個從來沒有去過的城市，最初幾天可能會有這樣的問題。

3. 跨文化溝通的原則

- ✧ 相互理解爲原則：充分認知雙方的文化差異，理解對方文化的特點。對溝通對象的言行舉止，有一種合理的辨別。
- ✧ 尊重對方的原則：克服文化的優越感，尊重對方的文化特性，平等對待跨文化的溝通對象。
- ✧ 寬大包容的原則：抱持一種寬容理性的態度，對溝通的對象保持一定的開放。不因爲雙方的差異而否定或批評對方，應該積極適應對方的文化特點。
- ✧ 吸收融合的原則：吸收融合對方文化的優點與特色。

2. 面對主管　祕書要遵守的六規範

祕書是主管的左右手，在辦公室裡，最重要的溝通對象，就是上級主管。祕書在新任主管的身邊工作，要先了解主管的個性與工作方式，以便及早建立默契。

一、過程型主管與結果型主管

1. 過程型

又稱爲讀型（reading type）。這類主管有幾種特質，首先，讀型主管很注重細節，所以與他共事，每一件小事情都要交代清楚。其次，讀型主管喜歡文字報告，所以要先研究清楚，字跡要很工整，不能潦草。第三，讀型主管注重法治，他們都不喜歡遲到早退，凡事必須按規矩來。第四，讀型主管會很忙碌，時間很難掌控，常常遲到。還有，讀型主管很難授權，祕書做主的機會不大。

2.結果型

又稱為聽型（listening type）。這類主管有幾種特質，正好和過程型相反。首先，聽型主管凡事注重結果，不注重細節，所以交代事情之後，並不會關心怎樣做？而是關心做好了沒有？其次，聽型主管看到一大堆報告和文字敘述就很頭痛，最好改成圖表或者數字。第三，聽型主管很會用情，時時關切四周的人和事，卻不是用監督管理的角度去辦事。第四，聽型主管很悠閒，喜歡社交和參加各種活動，還能談笑用兵。第五，在聽型主管的手下工作，祕書有很大的空間可以發揮，甚至偶爾代理主管的職務。

二、女性主管和男性主管

如果主管是女性，個性上與男性會稍有不同。女性領導者偏向柔性，對於很多事情的看法，很少採取激烈的手段，比較順其自然。碰到難題，女性的情緒比較容易彰顯。這時候，祕書應該拿出耐性與關懷的情操，對於主管所遭遇的挫折，以同理心視之。如果主管是男性，則比較會就事論事，不會牽涉到「人」的複雜情緒。男性主管一般而言，明確果斷，偏向目標管理的角度進行工作。祕書必須努力學習各種行政管理，對於支援性的工作，不可埋怨敷衍；注重效率，工作時間較長。

三、科技產業和傳統產業主管

如果從事的是科技產業，祕書的工作可能與傳統產業會有很大的不同。科技產業的主管年輕，側重思考、創意與研發。祕書

日常工作上，有很多設備與辦公室科技可以運用。學習速度一定要很快，團隊的建立與溝通配合更顯重要。如果是傳統產業，主管偏重成本效益，日常工作以節省開支、切勿浪費爲最高原則。傳統產業的製造業與服務業又有不同，如果是製造業則很注重秩序與紀律；服務業則對工作態度與服務品質要求很高，禮節與儀態的舉手投足都很重要。

四、祕書如何與上司相處

1.了解工作習慣

祕書要能及早了解主管的習慣與工作方式，以便建立默契，說話、做事必須把握分寸。對於主管每天的工作方式需要事前溝通，例如：已經批閱的文件都會放置在哪個地方？還沒有看過的文件又放在哪裡？經過一段時間的工作配合，就能夠完全建立默契，加快共同工作的速度。

2.建立完整資料

建立完整資料，適時提醒主管處理應酬、社交，以及工作中瑣事的進度。許多祕書都能夠注意細節，例如：有客戶來訪都會記下對方的喜好，喜歡喝茶還是咖啡？喜歡熱的還是冷的？客戶的生日、公司的週年慶，都會主動道賀或是致贈小禮物。這就是建立完整資料的好處。

3.工作態度積極

工作當中難免會發生錯誤，自己犯錯時要坦然應對，並尋求補救之道，切莫強辯、規避或背後批評。錯誤發生之後工作態度應該更積極，並且不要再犯同樣錯誤。許多祕書在犯錯之後選擇逃避，不然就乾脆不來上班或是躲在暗處哭泣，這些都是不必要的舉動。唯有面對事實，才能快速解決問題。

4. 迎合主管情緒

主管鬧情緒也是常有的事情，不必大驚小怪。祕書不妨將他的會議時間挪開、電話暫時不接，並且暫時避免其他同事進入。可能的話想辦法開解一番，通常主管的事情很多，很快就會被新的事情和忙碌所掩蓋。迎合主管非理性的情緒，也是祕書工作之一。祕書必須適應主管的情緒，而不是隨著主管的情緒變化而不知所措。

5. 保持適當距離

爲何要與主管保持適當距離？原因很多，首先許多主管的私事，未必喜歡祕書傳達，祕書應當將公私劃分清楚。其次，對辦公室性騷擾或感情問題，祕書更要留意不讓工作機會變成感情負擔。公務出差的時候、平日在辦公室的時候，都應該保持自己與主管的距離，不可造次。

五、祕書如何擔當幕僚工作

1. 保持謙和有禮的態度及開放的心胸

祕書必須體認自己是居於幕後的幕僚性角色，並不是眞正檯面上的人物，需要隱藏自己的功勞，不要與人爭名逐利。保持謙和有禮的態度，以及開闊的心胸，爲單位和公司的整體利益，努力不懈。即使有了挫折或是不能突破的工作困境，也要先穩定下來，思索自己可以開展的方向，並且儘速請教主管，與同事溝通，找出更好的方法來面對問題。

2. 勇於承擔，謹愼應對

工作瑣碎繁雜乃是天經地義的事情，若因而亂了手腳，那就

無法擔任祕書的工作了。擔任祕書本來就需面對每天許多的事務性工作以及臨時交辦的任務，如果能夠勇於承擔大任，並且細心、耐心的完成，這就是優秀祕書的典範。

3.雖然責任重大，請別忙著推拒

這可能是你成功的契機，也是你存在的價值。許多祕書都會推託與自己不相干的任務，特別是臨時性的專案，更容易讓祕書裹足不前。其實祕書如果能有機會多參與分外的工作，就能夠眞正的領略到如何創新求變的方法。還有，祕書更需要努力的找尋下一步在組織裡面發展的機緣，所以多擔當職分以外的工作並非苦差事，而是證明自己能力過人的開始。

4.解決問題才是祕書努力的方向

網路上時常看到祕書吐苦水的來函，許多祕書會認爲自己工作沒有希望，問題很多，無人可解。事實上，抱怨是沒有用的。除非打算不要工作，否則任何工作都有很難應付的一面。面對問題和解決問題才是成功的不二法門。能夠挖空心思來設法把困難都一一面對，快速找到因應之道，這才是祕書應有的工作態度。

5.記得隨時砥礪自己，永遠不放棄學習

隨時給自己掌聲，記得只要做到了，就要認眞的勉勵自己。催促自己努力更上一層樓，在自己每天例行性工作中求進步。設定自己的工作目標，然後再逐步按照計畫實行本身夢想。實現的過程中必須要有方法，還需要有優先順序，只要做到一些，就隨時登錄在自己的成績冊。

六、祕書如何成為主管的得力助手

成爲主管的得力助手之前，祕書必須先了解工作環境、公司制度與主管工作的方法與習性。進入職場後，祕書應該勇於向同事討教，並且學習與主管保持工作默契。3個月的試用期過後，祕書就不能抱著凡事問、什麼都不懂的態度來上班。如果情況許可，在辦公室保持一個祕書、一個助理祕書比較容易達成調和的氣氛。當助理祕書達到完全合乎管理標準時，才升遷爲祕書。若不適任，將其調派他職，另覓新人遞補。

主管的得力助手，有下列條件：

1. 專業能力

祕書必須要有溝通和管理能力。所謂溝通能力主要是指說和寫的基本功，所謂管理能力就是自我管理的能力。除此之外，祕書需要對操作資訊軟體具有獨到之處，並且對於自己的禮儀形象隨時保持俐落、清新。

2. 高忠誠度

對於工作的需求，祕書隨時要保持熱誠和忠誠。對於職分內的工作固然要恪遵職守，對於專案或額外的工作要求，也不可以任意推辭。祕書的忠誠度表現不只是對於自己的直屬主管，對公司單位的整體利益，更要澈底維護。

3. 敬業精神

祕書的工作是瑣碎又冗長的，往往不能按時上下班。所以，祕書比一般人須具有毅力和敬業的精神。祕書要能不嫌棄繁瑣的公務，還要能夠將決策者的守門人角色扮演的淋漓盡致。

4. 積極主動

多數主管都會抱怨祕書沒有積極主動的態度，這是因爲許多祕書都不知道該如何配合主管做事的要求。在工作3～4個月之後，祕書要能明確的與主管保持工作的默契，並且能快速反應、

解決問題。

5. 察言觀色

祕書除了反應快，還要能夠隨時察言觀色，觀察主管和四周環境的變化。如果有重要的客戶在場，祕書要注意主管言行舉止當中可能的需求。對於每件事情的要求，務必在主管還沒有開口說明之前，就先體會到。

6. 大智若愚

大智若愚的意思是，祕書不能表現的比主管能力強或是極力邀功的樣子。祕書是幕僚的角色，對於這樣的幕後工作，須抱著虛懷若谷的精神，成為辦公室的最佳女配角。即使是工作得到嘉許或是獎賞，也不要任意居功。

7. 謙虛忍耐

對於可能在工作中產生的誤會，祕書必須學會忍耐。這包括客戶的抱怨、與主管之間可能有的衝突、辦公室內部或是外部環境的不能配合，或是臨時交付繁雜的任務等。祕書必須了解這些只是一時之間所產生的問題，並非長久可能發生的困擾。

8. 守口如瓶

保密的任務在前面已經提過多次，但是守口如瓶並不是一件簡單的事情。有些人會刻意買通祕書獲取資訊，有些人不經意的經過祕書身邊，了解主管的動靜。祕書為了保密，必須時時嚴謹律己，特別是公務要件，絕不可任意攤開在桌上。

9. 隨侍左右

祕書的工作與主管是幾乎形影不離的，這並非意味著要與主管如膠似漆，而是藉助通訊工具，對主管所交代的事情，做最即時的處理。許多祕書的手機是24小時都要開機，主管的事情隨到隨辦，沒有上下班的界線。

10. 身體健康

無論從事任何行業都必須要有健康的身體，祕書經常逾時工作，甚至有外勤業務。因此，身體的健康應該列爲第一要件。祕書須保持規律生活與充足的體力，來應付排山倒海的工作量。

祕書要成爲主管得力助手，須積極主動，與上司保持良好互動。

3. 面對同事　祕書要嚴守的二守則

祕書在主管的身邊工作，難免會聽到同事的閒言閒語及各種的八卦。祕書不僅爲主管工作，更爲企業服務。因此，要能嚴守分際，在主管、同事和客戶間，做好溝通的橋樑。

一、祕書的工作原則：提供優質服務

1. 注意禮節

特別是電話的應對處理。對方在沒有面對面的機會裡，能感受到你親切的招呼與服務，這是人際關係成功的開始。禮節不是與生俱來的，是後天養成的，唯有能夠注意細節，才可能成爲好的祕書。

2. 個性與態度

祕書的工作須配合主管及公司要求，如果自我意識形態過高，就無法成爲好祕書，也不會有良好的人際關係。個性天生抗拒及排斥聽命於人者，較不適合擔當祕書工作。至於態度，要以誠信爲原則，適時適度關切自己的工作和四周的人。

二、祕書如何與同事相處

1. 避免發號施令

資深祕書經常會給人「拿著雞毛當令箭」的疑慮。避免以主管的口氣傳達命令、發號施令。如何在主管的命令之後，經過自己的口吻，對同事再說明一次，這是祕書必須學習的傳達技巧。若是以主管的口氣對同事說話，則犯了溝通的大忌。

2. 真心打成一片

祕書與同事要能打成一片、一視同仁，絕不徇私，並且要有欣賞別人長處的人生觀。祕書在工作當中，不能仗恃主管的勢力，就忘了自己是誰？也不能夠因爲自己知道主管的好惡，而對同事有差別待遇，或是出現看不起同事的態度。

3. 不濫用職權

許多人都會認爲，主管好惹、祕書難纏。祕書若是給人這種感覺，就難以做到服務周到和細心爲人的職責。祕書應該眞心關切同事、不貪便宜、不打小報告、不濫用職權，對於工作中所產生的問題，同事之間要相互支援，不要顯出高傲和自以爲是的態度。

4. 高效率團隊的建立

許多公司都早已認定，祕書和主管必須及早建立一個團隊，才能眞正達到工作的高效率。但是如何建立這樣的團隊？除了能有共識，更重要的是要具有同樣的工作目標和精神。祕書在團隊當中，要扮演好幕僚的角色，與主管相輔相成，成爲最佳的雙贏夥伴。

4. 面對客戶　祕書要做到的五環節

一、客戶來訪的接待禮儀

1. 過濾訪客

貴賓抵達之前，都應經過登記與過濾。祕書應有訪客紀錄簿，記載來賓的姓名、公司單位、受訪單位、來訪時間和來訪事由。無論是哪個單位負責接待的貴賓，事前都應經過批准，而不是每個貴賓都一視同仁的接待到同一個會客區域。對於臨時來訪的賓客，則必須請示上級核准，否則不可任意將陌生訪客招呼進門。有些單位的接待必須事前申請，還有的接待單位需要派專人解說和導覽，這都算是接待工作的一部分。

2. 接待準備

會客室或是接待室，應事前準備好座位、茶水、煙灰缸、時鐘、雜誌或報紙。有的房間還要準備好內部電話，以便隨時可以與外部聯繫。會客期間，門外應該掛上「會客中」的字樣，以免其他不知情人士誤闖進門。有的接待室裡面附設有茶水間，可以隨時供應所需的飲料或是餐點。原則上，茶水準備的時候，盡量以整壺一起送上較佳，切勿將茶袋放在茶杯裡面。如果是貴賓，須以玻璃杯或瓷杯奉茶。

3. 衣帽擺放

有些會客室配有鏡子可以正衣冠，還有的會客室備有衣帽間可以放隨身的外套、帽子和雨傘。賓客所攜帶的手提包或是手機、電腦等物品，均應由祕書暫時保管在賓客所能看見或知道的地方，並且在賓客離開之前，由祕書及時將寄存物品歸還。此外，貴賓室也許有檔案櫃或是存物間，以便賓客自行放置私人物品。

二、接待時的語言應對

祕書的語言應對是非常重要的接待指標，對於來賓大至可分爲幾種不同的表達方式：

1. 溫馨合宜的招呼語

打招呼不可以在賓客的身後進行，必須要在對方看得見的時候才能打招呼。打招呼之前當然要先問安，例如：「早安」、「您好」。同時必須牢記對方的姓名與頭銜，免得說錯話，反而受到對方的責難。說話要能開朗親切而不造作。平時練習的時候，可以用鏡子端詳自己的面容，將嘴張大，露出笑容。

2. 簡單明瞭的禮貌用語

禮貌性語言是必須的，因爲禮多人不怪，隨時說「請」、「對不起」、「謝謝您」這類的禮貌性語言。「謝謝您」、「不客氣」雖然簡短，但是對於客人來說，總是感覺彬彬有禮的態度，這就是賓至如歸的上乘感受。

3. 生動得體的問候語

對於進一步的問候與了解，也許在初次見面的時候，有些人感覺不太適應。但是簡單的問候，可以從生活面出發，例如：「最近有點涼」、「今天這裡有點熱」等問候語切入，並不會感覺不自然。

4. 適度的寒暄語

賓客回答之後，溝通就可以一來一往的進行，這時可以使用寒暄語。寒暄的時候，盡量以對方有興趣的話題爲優先，不用觸及業務相關的機密或者嚴肅的主題。寒暄可以視爲會客前的暖身用語，也可視爲隨即而來的訪談的初步了解。

5. 溫馨關懷的承接語

對於客戶所回應的任何內容，祕書都可以用關懷的語氣給予承接，例如：「您最近太辛苦了」、「業務蒸蒸日上眞是不簡單」。這些是順著對方說明加以承接，而不需要加油添醋描繪或是給予批評。

6. 不可缺的讚美語

每個人都需要適度的讚美，但是讚美的形容詞並非很容易學習得到，必須隨時培養讚美的語詞，包括讚美「人」的形容詞、讚美「事情」的形容詞，以及讚美「物」的形容詞。例如：「眞是太了不起了」、「您看來神采奕奕」、「我從來沒見過這麼好

面對客户，要禮貌問候與適時讚美。

看的東西」。讚美要有相當的知識和涵養，讓賓客有如沐春風的喜悅。

三、客戶投訴的電話

客戶形形色色，客戶投訴的電話，時常會直接轉到主管的辦公室，希望主管回答。祕書需要主動爲主管篩檢電話，特別須問清楚是爲了何種目的打來。

1. 耐心傾聽

面對客戶的投訴，最重要的原則就是要耐心傾聽。在學術名詞上，這叫做積極的聽（active listening）。積極的聽又叫做反射性的聽（reflective listening），它是一種傾聽對方心聲的話，以獲取情報的功夫。聽的功夫，通常都是以發問的方式來包裝的。問什麼？問對方的感受。

2. 留下紀錄

耐心聽完之後，下一步是留下紀錄。客戶投訴的問題是大問題，應該撰寫留話紀錄，說明來話時間、問題以及建議處理方式，然後交給主管批示。主管批示之後，需電話回覆客戶，告知處理結果。同時要轉知相關單位，以便其能夠及時補救與處理。客戶無論是對或錯，對其所造成的困擾，須先表示歉意。

3. 去電告知處理狀況

如果客戶所提出的問題，需要長時間處理，那麼須及時先去電告知要處理的時間，希望對方能夠原諒並且寬限。一般而言，只要合理客戶都能接受。對於客戶的投訴電話，如果對方情緒十分激動，就要多花一點時間安撫情緒問題，可以多問建設性的問題，少用我不明白、我不知道這一類的話語回覆。

4. 建檔留存

客戶相關回覆的資料，祕書必須建檔留存，除了給客戶服務部門之外，自己也要留存一份，以便隨時跟催，客戶是否滿意等。如果客戶來電申訴，表示對公司還有期待，千萬不要等閒視之。如果未能適時處理，使得客戶向大眾或是消基會投訴，問題將擴大。

四、熟記客戶姓名

在開口說話之前，須清楚客戶姓名的正確讀法和寫法。念錯或寫錯客戶的姓名，看似一件小事，卻將使整個溝通氛圍變得很尷尬。如果對客戶名片上印著的姓名讀法不能確定時，不妨有禮貌地直接向客戶詢問，而不是想當然耳瞎猜。

五、祕書應該避免哪些錯誤

1. 洩漏機密

祕書的天職是保守機密。Secretaries原來的意思就是keeper of secret。祕書掌握很多公務機密，在主管的身邊就必須恪遵職守，對於工作內的所有機密嚴格保密。洩漏機密有時候是不經意的，例如：打電話的時候可能會不小心漏了口風，或者傳遞公文的時候讓第三者知道主管批閱的結果。

2. 假傳聖旨

祕書假傳聖旨時有所聞，特別是主管不在的時候，指揮若定的祕書大有人在。經過主管授權的祕書，幫忙處理公務是有可能的。如果鋌而走險的假主管之名而發號施令，難免不會有東窗事發的一天。祕書應該避免揣摩上意，假傳聖旨的行爲。

3. 檔案紊亂

主管的資料和檔案，均由祕書隨時加以整理和歸檔。如果祕書本身沒有秩序觀念，所有的檔案都找不到，也沒有更新，這樣的祕書就不算是稱職的。檔案的處理必須要嚴謹，要有及時性，且有條有理。即使祕書不在座位上，其他同事也能夠容易找得到檔案。

4. 個人主義

祕書必須認清自己的幕僚角色，不能發號施令，給人有主管姿態的痕跡。有些祕書自我意識很高，把自己當成是主管，對於同事指指點點，完全不明白自己的任務是在協助主管，而不是替代主管成爲檯面上的人物。

5. 丟三落四

這是祕書經常犯的錯誤，由於瑣碎的事情太多，往往把重要的事情給遺忘。主管的行程及安排，大多由祕書處理與提醒。如果祕書處理公事糊裡糊塗、丟三落四，那就是個不適任的祕書了。

6. 時間管理

祕書經常抱怨自己的時間不夠用，這多半是沒有優先順序的概念所造成。優先順序是指如果事情接二連三的來，要能夠分清楚哪些優先處理，哪些次之。有些祕書會自作主張，把自以爲重要的事情先做，或者完全以先到者先做的方法來執行，這樣當然感覺事情永遠做不完。

7. 注重禮節

沒有禮貌、驕傲自大的祕書很多，這多半與個性有關。有的是主管寵出來的，沒有適當的教導和糾正，於是一錯再錯。不注重禮節將會給人不好的第一印象。不斷的得罪客人，對於日後的工作執行，也會造成不良的後果。

8. 心浮氣躁

情緒問題也是主管經常感到煩惱的事情，特別是女性，往往到了生理期或是感情不順心的時候，就會很自然的反映在工作的態度上，這些問題會讓主管很爲難。祕書要學會穩重大方，遇事沉著冷靜，不明白的問題及早提交上級請求支援。

學習便利貼

✧ 隨著企業發展需求，跨文化與跨組織溝通及協調能力，祕書也需要學習。

✧溝通不僅是口頭言語，更是行為藝術與心態調整。

✧溝通的能力是建立在學習一套口才的藝術，養成習慣，並且能在日常工作中，展現溝通的誠意與魅力。

✧依照字面的解釋，溝通是指人與人、人與群體間，思想與感情的傳遞。如何順暢的彼此了解，達到和諧而完整的交流過程，就是溝通的主要目的。

✧溝通的範圍極為廣泛，其所包含的層次可以分為三種。自我溝通：是指個人內心的自我對話或獨白的一種過程。人際溝通：是一種人與人之間的訊息交換與互動。大眾溝通：可藉由傳播媒體的協助，進行多對多式的溝通，或是不同文化之間的溝通。

✧主管要求祕書所應該完成的事情，有時候在祕書的認知上面，可能是不明白或是不了解的。這時候，祕書應該直接向主管請求支援。

✧現代祕書最大的不同，就是需要自動自發的工作態度。所謂自動自發是指在心態上面，要能夠把公務當作自己分內的工作，而且堅持一定要能做好，不會因為任何理由推託。

✧口語溝通是指藉由共同的符號、語音、聲音、想法以及情感交流等有系統的溝通方法。非口語溝通則包括肢體語言（動作）、音調、情境、燈光及色彩。

✧美國學者阿爾伯特・麥拉賓認為，一條資訊所產生的全部影響力中，7%來自於語言（僅指文字），38%來自於聲音（其中包括語音、音調以及其他聲音），剩下的55%則全部來自於無聲的肢體語言。

✧人際相處的「曝光效應（mere exposure）」，就是人和人看久之後就會「越看越美、見怪不怪」。所以，要讓別人留下你的良好第一印象。

✧口才訓練是擔任接待性質的祕書人員，所不可或缺的科目。真正的口才是簡短、誠摯、切題，而不是口若懸河、滔滔不絕的講個不停。

✧擔任簡報工作，需要注意自己的服裝儀容。在正式場合簡報，如果穿著深藍色套裝會顯得專業，如果穿著咖啡色會使人想睡眠。色彩十分炫耀的話，觀眾會分散注意力。

✧隨著科技時代的來臨，世界成為一個真正的地球村。開放的視野與跨文化的商務溝通，變得極其重要。祕書在職場上學習與同事或客戶相處，經常會遇到跨文化溝通的問題，因此有必要及早學習跨文化溝通的概念。

✧成為主管的得力助手之前，祕書必須先了解工作環境、公司制度與主管工作的方法與習性。進入職場後，祕書也應該勇於向同事討教。

✧資深祕書經常會給人「拿著雞毛當令箭」的疑慮，應避免以主管的口氣傳達命令、發號施令。傳達要有技巧，這是祕書應該學習的溝通技巧。

隨堂小測驗

公司要舉辦年終晚會，臨時要求祕書擔任活動的主持人，請問祕書要如何準備？

假定你是一位剛報到的新任祕書，要如何在月初的主管會議上，向大家做自我介紹？

如果祕書要幫忙主管準備一份出國的演講稿和簡報，請問祕書該如何開始著手？

04

勇闖EQ試煉場

情緒管理

第七感，是集中注意力，讓我們可以看見自己內在的心智運作。它可以幫助我們意識到自己的內心，而不被它淹沒，也讓我們能脫離根深柢固的行為模式與習慣性的反射反應，超越任何人都可能陷入的情緒惡性循環中。第七感，這種人類專屬的能力，讓我們可以精細且深入地檢視自己思考、感受與行動的歷程，也讓我們能重新塑造並引導自己的內在經驗，而在日常生活中有更多的自由選擇，成為自己人生故事的創作者。向內觀看以認知內心，反思自我經驗的能力，同樣與我們的身心健康息息相關，這就是我們的第七感。

～丹尼爾・席格（Daniel J.Siegel）～

前　言

哈佛醫學院畢業的丹尼爾・席格，在他2010年出版的經典著作《第七感》中，提到有關人類大腦與情緒的研究，進而提出著名的理論「第七感」。「第七感」指的是一個歷程，讓我們能藉此監督與調整身心健康三角形中的能量與資訊流。第七感的監督包括能夠意識到我們內心深處，能夠感知它在我們神經系統內的流動，並經由人際關係意識到別人的內在支流，包括利用各種溝通媒介，分享彼此的能量與資訊流。之後我們才能經由心理的基本面向，也就是認知與意圖，而調整能量和資訊流，直接影響它在我們人生中採取的途徑。作者認為，我們需要第七感的核心力量反思，才能在心智失控之後，重新拿回主控權。當我們能夠與自己跟他人溝通，反思自己是誰，自己究竟在想什麼？第七感就會產生。

案　例

在辦公室裡，祕書小姚被認為是脾氣最好的人。不僅長得漂亮，從早到晚都笑容可掬，不慌不忙的完成主管所交付的各種工作。只是今天下午，有同事發現小姚在廁所偷偷的擦眼淚；追問之下，原來是老闆今天心情不好，早上無緣無故把小姚叫進辦公室，說一份資料找不到了。小姚知道主管記性不好，前兩天就已經提醒主管，這份文件放在他桌子上最顯眼的地方，可是，主管今天就是找不到了，還把小姚訓了一頓。小姚感覺真是委屈的沒處可說，到底她應該：

1. 直截了當告訴主管，明明前天就放在您的面前。
2. 幫主管在桌子上，再翻翻看。
3. 舉出證據當時的確放在桌上。
4. 默默接受這個事實。
5. 馬上離開再想想辦法。

如果你是小姚，會如何處理這個尷尬又委屈的場面呢？

學習直通車

1. 了解情緒的來源與如何控制情緒
2. 祕書工作中要如何轉變心情、排解情緒
3. 如何面對不夠理性的客戶
4. 如何面對主管的情緒問題

1. 情緒的來源是什麼

一、腦部的額葉皮質

1. 人腦與情緒

在《第七感》的第1章，丹尼爾・席格花了大量篇幅解釋人腦與情緒之間的關係。在我們額頭正後方，是腦部額葉皮質的一部分，也是腦部最外層的部位。額葉，跟大多數的複雜思考與計畫有關。這個部位的活動會啓動神經元的運作模式，讓我們形成神經表徵，就像地圖一般，描繪出我們所處世界的各個層面。這一連串神經活動所勾勒出的地圖，協助我們製造內心的圖像。

2. 第七感地圖

前額葉皮質同時也負責製造可描繪我們心智本身的神經表徵。丹尼爾・席格把這些描繪出內在心智世界的表徵，稱爲「第七感地圖」。腦幹、邊緣區域、皮質層這三個區域，構成我們一直以來所稱的「三位一體」大腦，並且是在人類演化過程中一層層發展出來的。

3. 驅力

當我們覺得有種深刻的「驅力」（drive），驅使我們做出某些行爲時，很可能就是你的腦幹在跟它上一層的邊緣區域共同合作，促使你做出行動。邊緣區域位於腦部深處，除了創造我們的基本生存驅力之外，還負責製造我們的情緒。這些感受狀態會伴隨著意識感，是因爲邊緣區域會評估我們當下處境。

二、前額葉皮質的9個功能

1. 身體的調節

中央前額葉區域會協調神經系統中，負責控制心跳、呼吸跟消化等身體功能的部分。這個自動化神經系統有2個分支：交感神經系統（油門）和副交感神經系統（煞車）。

2. 同頻率的溝通

當我們與別人同頻率時，就是容許自己改變內在的狀態，來與別人的內在世界共鳴。

3. 情緒上的平衡

缺少了情緒平衡，我們不是會過度激動，邁向混亂，就是過於消沉，陷入僵化或憂鬱的狀態，這兩種極端都會耗盡我們的氣力。

4. 反應的彈性

是指中央前額葉區域有能力在接受到資訊與開始動作之間，留一點緩衝時間。這種在回應前暫停片刻的能力，是情緒與社會智商中很重要的部分。它讓我們可以充分察覺當下發生的事，並有時間克制自己的衝動，來考慮各種反應選擇。

5. 恐懼的調節

中央前額葉區域可以直接連結到下方的邊緣區域，讓我們可以抑制和調節產生恐懼的杏仁核。

6. 同理心

同理心是一種描繪他人心理地圖的能力。

7. 洞見

洞見讓我們可以描繪出「Mind Map（心智地圖）」，而能感知自己的內心。

8. 道德意識

中央前額葉區域皮質描繪出的「Mind Map（心智地圖）」，讓我們可以超越當下自己的個人求生需求，甚至超越當時人際關係的地圖，而想像一個更廣大並且互相連結的整體。

9. 直覺

腦部的前額葉皮質會接受來自體內各處的資訊，並利用這些輸入資訊，給予我們一種「心底的感受」或「內在的直覺」，讓我們知道什麼是正確的選擇。

三、第七感的核心力量：反思

反思具備3個明確元素：開放、觀察與客觀。

1. 開放

是指可以接納任何我們認知到的事物，而不會執著於事情「應該」如何的固有成見。我們會放掉預期，接受事物眞正的樣子，而非試圖讓它們成爲我們希望的樣子。開放，讓我們可以清楚地意識到事物的本質，讓我們有能力辨識出過於侷限的評斷，讓心智掙脫評斷的束縛。

2. 觀察

在經歷一段事件時，同時能感知自我，就是具有觀察的能力。觀察是一個很有力的方法，幫助我們脫離無意識的行爲跟習慣性的反應，讓我們意識到自己在這些行爲模式中的角色，而開始尋找改變的方法。

3. 客觀

客觀讓我們得以發展出所謂的「辨別力」。「辨別力」讓我們明白某個想法或感覺都只是心理活動，而不是絕對的現實。辨別力的其中一部分就是有能力認知自己是如何認知的，而不會迷失在我們所注意的目標中。

四、情緒智商

1. 情緒的定義

在丹尼爾・高曼（Daniel Goleman）的《情緒智商》（*Emotional Intelligence*）一書中，情緒的定義爲「感覺、特定的想法、生理狀態、心理狀態、和相關的行爲傾向」。也就是說，情緒所涵蓋的範圍包含了個人的感受、想法和行爲等三部分，也唯有這三部分都處於平衡狀態才稱得上是身心健康。

2. 情緒影響健康

情緒可以激發個人的生理反應，如腎上腺素分泌、交感神經的作用，使個人充滿活力，用以適應外在的環境。如果出現的是負面情緒，則內分泌同樣會受到影響，甚至產生疾病。最常見的如影響腸胃功能，導致消化不良；影響泌尿系統，出現腹瀉、便祕；影響心臟血管，產生心跳加快、血壓升高；或是影響神經系統，如神經衰弱等，可見情緒狀態足以影響個人健康。

3. 掌握情緒的變化

情緒是無所不在的，它可以從臉部表情、行爲舉止和處事態度看得出來。個人的情緒很容易受到外界刺激或個人身心變化的影響而改變，小至他人的一個表情，大到社會文化環境，都會影響情緒的起伏。常見的正面情緒爲愉悅、輕鬆、欣慰、高興、雀躍等；常見的負面情緒包括憤怒、悲傷、焦慮、害怕、厭惡、羞愧、驚慌等。因此，了解情緒的變化與感應，是職場上必須理解的重要課題。

在職場，每天要應付不同的人、事、物，了解並掌控自己情緒的變化是很重要的。

五、杏仁核

1. 情緒的來源

提到情緒的來源，許多人都會說不知道是從哪裡來的？可是美國的醫學家很明確的告訴我們說，這是從「杏仁核」來的。杏仁核（amygdala）位於大腦底部，又稱扁桃體，因形狀類似杏仁而得名。它掌管焦躁、驚恐等情緒記憶與意義，能讓動物產生恐懼感與學習躲避，有「情緒中樞」與「恐懼中樞」之稱。腦裡面有一團神經細胞集中所形成的構造叫做「杏仁核」，因爲它的形狀宛如一粒杏仁。「杏仁核」大約在太陽穴的正內方，埋在大腦皮層質的內側。當杏仁核覺察到危險或恐懼駭人的情境時，它會啓動身體的各種反應，包括自主神經系統，因而激發腎上腺素分泌。

2. 杏仁核的作用

在丹尼爾・高曼（Daniel Goleman）所寫的《情緒智商》（*Emotional Intelligence*）一書中，對於「杏仁核」有詳細的說明：視覺訊息首先自視網膜傳到丘腦，在此轉譯爲腦部的語言。接著多數訊息傳到視覺皮質，進行分析與評估以決定適當的反應。如果是情緒性的反應，訊息便傳到杏仁核，以啓動情緒中樞。但有一小部分的原始訊息，以更快的速度自丘腦直接傳送到杏仁核，在皮質區尚未明瞭狀況以前，便引發較快、但不精準的反應，這就是EQ研究的由來。

3. 後天的影響

每個人都會受到情緒的影響，因爲至今科學家只能知道視覺訊息會直接傳送到杏仁核，使得人類有不夠精準的反應，但是到底爲什麼會這樣，目前仍在探討。原因之一可能是後天環境與教育的雙重影響，讓人類具有的本能產生不合理的變化，也因此美國學者大力提倡EQ教育，應該在學校教育裡面逐漸被接受和重視。

六、能量是影響力的來源，思想、情緒都是能量

以往的觀念裡面，談到情緒總是負面的。然而新時代的想法是不同的。對照傳統的思維，現代的定義是運用情緒來提升創新思維的能力，例如：

傳統的偏見	現代的定義
在職場上無用武之地	職場生存必備條件
避之唯恐不及	可刺激學習
讓人困惑	有助澄清問題
宜延後處理	應積極配合
避開情緒化的人	培養情緒豐富的人
把重心擺在思想	傾聽內在的情緒
使用理性的語言	使用富情緒意涵的詞彙

七、生命最大的推動力是情緒

1. 情緒的推動力

如果沒有情緒的影響，人類就沒有喜怒哀樂的自然表現。因此，豐富的生命背後，最大的推動力就是情緒。人類心理現象之所以變化無窮，全靠高度發達的人腦。人腦是心理、情感的器官，心理、情感活動源於社會實踐，而且只有透過社會實踐才能維持正常的心理情感活動。

2. 情緒的變化

人類的任何心理活動背後，都有一定的情緒。情緒正常、情緒穩定、心情愉快的話，心身活動就會協調，自我滿意度提高，情緒高漲充滿希望。如果心境處於憂鬱苦悶、情緒低落、灰心失望，這就有不健康的心理表現，會出現思維紊亂、語無倫次、行動毫無秩序、言行不一的情緒變化。

八、情緒是發自內在的能量、訊息與影響力

1.情緒的4個層面

情緒是一種複雜的心理歷程，情緒不會無緣無故產生，必有引發的刺激，人、事、物和一些其他內在的刺激也會引發情緒。情緒是發自內在的能量、訊息與影響力。根據《張氏心理學辭典》上的定義，情緒是受到某種刺激所產生的身心激動狀態，此狀態包含複雜的情感性反應與生理變化。包括4個層面：

- ✧ 生理反應：如心跳加快、呼吸急促、血管收縮或擴張、肌肉緊繃。
- ✧ 心理反應：如愉快、平和、不安、緊張、厭惡、憎恨、忌妒。
- ✧ 認知反應：個體對於引發情緒的事件或刺激情境，所做的解釋和判斷。
- ✧ 行為反應：個體因情緒而表現出來的外顯行為。

2.接納負向情緒

我們應該允許情緒的存在，態度是認識它、接納它。當我們去認識並允許自己去經驗負向情緒的時候，其實就讓我們釋放了一部分情緒。我們接納自己的情緒同時，別人也容易接納我們的情緒，彼此建立支持和信賴的關係之後，就會降低我們的焦慮，不再那麼緊張，此時，我們也比較能夠專注於其他事務。

3.負責自己的情緒

其次我們應該承擔自己對情緒的責任，對自己的情緒負責，逃避情緒責任的人常用的一種方式，就是表現出依附無力的樣子。這樣很容易造成自己對情緒、行為的無力感，任由情緒主宰自己的工作和生活。

2. 如何面對情緒性主管、客戶、同事

祕書在日常工作當中，經常會被主管認定情緒不穩；但同一時間內，卻又有許多祕書埋怨他們的主管才是情緒變化的源頭。到底情緒是如何引起的呢？情緒需要覺察和調節，而不是壓抑、否定或任意放縱。因爲任何情緒都需要適當的表達和管理，才能夠達到宣洩效果，而避免負面的作用。祕書在工作中必須體驗出情緒變化的來由，這樣才能適當的化解情緒。

一、祕書如何面對主管的情緒問題

1.找出情緒抒發管道

祕書和主管在辦公室內，面對許多工作壓力在所難免，長期的情緒適應不良，情緒沒有抒發的管道，對工作會有不利的影響。例如：注意力不集中、缺乏耐心、脾氣暴躁不安，既會影響工作場所人際互動狀況，也會限制個人能力的發揮。如果在工作或生活適應上遭受挫折，而未加以覺察和管理其負面情緒，反而任其壓抑、否認、轉移、扭曲，久而久之不但容易爆發出來，更容易形成雙方的衝突，陷入情緒的惡性循環之中。

2.IQ與EQ

實際人生的成敗只有4%與IQ有關，90%以上與其他形式的智慧有關。IQ是智商，也就是智力商數，而EQ是情緒智慧，也就是情緒商數。人的IQ是天生的，EQ則可以培養。IQ高的人，可以幫助學習。在學習過程中可以強化IQ，但若缺乏溝通技巧，無法正確處理情緒，只有高人一等的IQ卻缺乏EQ的話，這個人不一定會成功；但如果能培養高EQ的話，就可以幫助人們走向更成功的發展途徑。

擔當祕書文職工作的人，並不要求需要極高的IQ，但是如果不能具備良好的EQ，可能會在日常工作中，時刻受到自己的情緒所困擾。不良情緒對工作的影響程度是很難想像的，不僅讓工作效率降低，還會讓四周的工作夥伴也受到不良情緒的影響。

祕書要具備良好的EQ，以微笑與人互動，解決問題。

3.不同的老闆有不同的個性

有些老闆會見風轉舵，一開始把不對的事說得振振有辭，但有人指出錯誤，他也會及時修正。有些老闆講完就拉倒，過不久他自己也忘了自己在說些什麼。這些人的情緒都很難掌控，祕書如果跟這樣的老闆共事，不要計較並且繼續工作，或許過一陣子問題就解決了。

有的主管脾氣不好，習慣性口出惡言，是個嚴重的缺點。如果是因爲性子太急，脾氣按捺不住，會情緒失控罵人，但是事後

冷靜下來，可以反躬自省，甚至道歉賠不是，或可解釋爲有口無心，可能慢慢收斂改正。但如果是天生霸氣，吼叫咆哮，就不只是單純的修養問題，恐怕連心理都有異常。

主管在工作場合暴跳如雷的舉動，的確影響了大家工作的情緒，這時保持冷靜，可以避免火上加油。此時可以從旁觀察，這種現象是因爲何種緣故？合不合理？如果主管情緒確有異於常人之處，恐怕不是理想的工作夥伴。

很多祕書因爲老闆的責罵而離職，原因是受不了壓力。當然，錯誤是一定有的，只是罵人的動機可能要先了解，然後再決定是否一定要掛冠求去。長期籠罩在責罵的陰影中，每個人都會漸漸失去自信，感覺自己一無是處，這種感覺日積月累，就會成爲自卑感或無所作爲的人，這是任誰都不希望見到的結果。萬一老闆眞是心理有問題，最好要爲自己的未來早做規劃。

4.祕書應有的態度

- ✧ 祕書可以想想，主管每次罵人的原因是什麼？再決定該據理力爭或是忍氣吞聲。例如：有的主管希望辦公室整整齊齊，而祕書總是堆得亂七八糟，那就把不用的東西先收起來。有的主管希望打字速度快一點，那平時就多練習打字速度。有的主管要求穿著要整齊有禮，這不算苛求，應該盡力達到。
- ✧ 假設自己有錯，被挨罵糾正，是一種改進學習的機會。主管的態度也可以觀察分析，罵人純粹只是爲了發洩？還是認眞舉出缺失，並引導改進之道？他的意思終究是爲了自己好，那這種態度和動機就非傷害性，而是有嚇阻兼誘導性，這時不應只掛記著挨罵，更應該探究事情的原委。

✧ 我們應該允許情緒的存在，態度是認識它、接納它。當我們去認識，並允許自己去經驗負向的情緒時，其實是釋放了一部分情緒。接納自己情緒的同時，別人也容易接納我們的情緒，彼此建立支持和信賴的關係之後，就會降低我們的焦慮，不再那麼緊張。此時，比較能夠專注於其他事務。

✧ 其次，應該承擔自己對情緒的責任，對自己的情緒負責。逃避情緒責任的人常用的一種方式，就是表現出依附無力的樣子，這樣很容易造成自己對情緒、行為的無力感，任由情緒主宰自己的工作和生活。

祕書工作的內容雖然多變，但並非完全不可掌控。遇見問題不需壓抑也無須擔心，可以大笑、大哭，或哀傷，也可以悲愁。但前提是自己能清楚察覺當下的感受，而不是讓情緒隨時隨地恣意發洩。只要我們可以認清自己的情緒，了解情緒的原因，找出有效的因應方法，就可以成為情緒的主人，而不受情緒所困惑。

二、祕書工作容易產生壓力的原因

1. 搶時間

祕書在辦公室裡面，經常需要與時間戰鬥。例如：搶時間接聽電話、搶時間和主管報告、搶時間寫報告、搶時間吃飯，可以說是在時間的夾縫裡面求生存的人。長久在這樣環境下工作的人，當然是會有工作的壓力存在。

2. 密閉工作

很多祕書因為不必擔任外勤的工作，從早上進門到下班，除了廁所和餐廳，就沒離開過辦公室。長期在密閉空間裡面上班的人，都會得了罐頭症，好像坐牢的人一樣，很容易心情閉鎖，情

緒逐漸低落。

3. 經常左右為難

祕書的角色經常是在「兩大之間難爲小」。例如：兩個主管之間、主管與同事之間、同事與同事之間，這種爲難的情況，在祕書同時爲一個以上的主管服務時尤其明顯。經常左右爲難的工作，當然會在心理上造成壓力。

4. 沒有實權，卻在權力邊緣

許多人會把祕書當作是主管，因爲她經常要代替主管發號施令，但是祕書並沒有實權，只是個幕僚。許多同事的請託，祕書可以協助卻無法應允，這就是幕僚人員的壓力。待在主管身邊，看似權力很大，但其實什麼也沒有。

三、祕書如何面對非理性的客戶

祕書經常會接到不理性客戶的來電，沒頭沒腦的亂罵指責；還有的客戶會兵臨城下，跑到主管辦公室來興師問罪。這些客戶可能說得有道理，也可能令人摸不著頭緒，祕書卻要好好應付，不能把問題直接推給主管處理，這時祕書應該如何因應這樣的難題？

1. 耐心聽完客戶的抱怨

無論如何，客戶永遠是對的，因爲客戶選用了公司產品，成爲公司的客戶。只是在使用產品的過程當中是否正確，就需要仔細的推敲。耐心聽完客戶的聲音，即使是最不理性的情緒，都必須讓他講完，再加以說明或是解釋。千萬不要打斷他的話，或是顯現出不耐煩的神態，那會使得抱怨更加嚴重。

2. 無論對錯都說抱歉

聽完抱怨，不管是對是錯，都必須承認是自己的錯，因爲造成了對方的困擾。讓客戶產生不必要的困擾，是公司的錯，祕書應當機立斷先說抱歉，這樣對方才會相信你是誠心誠意的接受他所說明的事實。

3. 用紙筆做好詳細紀錄

祕書拿出紙和筆，當著客戶的面，把他所陳述的問題一一寫下來，請他過目並且簽個字，代表這件事情，的確是有詳細紀錄下來。而且，這份紀錄還會呈報給上級，作爲處理的依據。

4. 邀請相關部門人員來旁聽

必要的時候，可以請相關部門的主管人員過來旁聽，以便大家有共同的了解，知道本案的原委，將來才不需要再說一次，或是有隱瞞欺騙的掩飾途徑。其他部門的人員如果能夠當場解決問題，那就更加完美了。

5. 呈報主管請求支援

祕書的職務權限畢竟有限，任何抱怨的投訴，都需要逐級報告給主管知道，才不會讓自己有越級指揮的嫌疑。將所紀錄下來的投訴案件，及時交給上級主管裁奪，讓相關部門能夠快速處理，並且圓滿的給客戶交代。

6. 將客戶帶離爭端的現場

如果客戶來到營業的現場或是主管的辦公室，爲了避免影響其他人員上班，或是其他客戶的採買，祕書應該適時的將抱怨的客戶帶離現場，找個冷靜的地方，再做處理。否則一個情緒的客戶，將帶來更不理性的客戶。

7. 誠意為客戶解決問題

可以告訴客戶，我們是真心誠意要做好服務的工作，而非只是敷衍了事，這種誠心誠意才是客戶所需要的。如果祕書能夠用感性的訴求，來化解一場非理性的糾紛，那麼祕書就盡到職責，非常成功。

8. 告訴客戶在何時可以解決

表示誠意的方法很多，但是最重要的是要爭取時效，並且告訴對方何時會給他一個答覆，也就是要能夠讓客戶滿意此解決方式。任何的答覆，事前須先徵求相關部門的同意。

9. 如果可以就立刻解決

有些是一時意氣用事的問題，這時候耐心說明和解釋，就可以立刻解決。祕書處理這類型問題可以當機立斷，不必大費周章的層層稟告上級，而當場將問題解決。

耐心聽完客戶的抱怨，再加以說明解釋。

10. 可以提供補償方案供其參考

如果需要補償對方，可以提供幾種補償的方案，給予客戶作爲選擇。只要是補償合理，很多的客戶會願意接受，這時候問題也就迎刃而解了。

四、祕書如何面對不理性的同事

祕書在日常工作環境中，也可能受到同事情緒的干擾。這些干擾有可能是同事之間彼此的對立、或因爲立場不同而產生的問題，或者因爲祕書的位置，經常在主管的身邊，而成爲衆矢之的。無論如何，面對同事之間的種種問題，祕書也需要明哲保身：

1. 避免涉入是非圈

祕書在職場中會很不自主的進入一個是非圈裡面，這就是常說的辦公室政治，或者是小圈圈。祕書因爲經常在主管的身邊，所以會被歸類爲「國王的人馬」，這樣的總結會製造祕書在工作環境裡的糾葛或問題。

2. 避免辦公室的桃色糾紛

這是辦公室裡最難解決的問題，桃色糾紛經常是存在於主管和祕書之間，但也會在同事之間，導致公私之間難以兩全。遇到這種情感的問題，祕書須認眞考慮去留的問題，以免夜長夢多、爲人詬病。

3. 避免接受同事無謂的請託

不貪小便宜、不打小報告，是祕書的鐵律，可是要做到很澈底，並非很容易的事情。因爲受到很多人的請託，會產生不知名的困擾，這些困擾到底該如何處理，有很多時候是很傷神的事情。

4. 避免情緒問題造成心結

同事之間互相來往，在辦公室裡是天經地義的事情。一旦彼此出現心結和問題，就免不了逐漸影響心情。

5. 避免打小報告

祕書向主管打小報告、道人是非，並非不可能的事情。有時候是無心之過，連自己也不清楚怎麼這樣，就把同事給出賣了，這就是打小報告的問題。一旦祕書心裡有了喜好，很自然反映在工作當中，成爲將來的困擾。

6. 避免發號施令

祕書一旦媳婦熬成婆之後，在傳達主管命令時，逐漸有發號施令的痕跡，拿著雞毛當令箭，完全把自己當成是太上皇。因此得罪的人越來越多，除未留將來後路外，更讓同事間的溝通越來越艱辛。

7. 真心關切別人

最正確的待人處世方法，就是要誠心誠意的厚待所有人，把每一個人都當作是服務的對象，而非僅主管一人而已。路遙知馬力、日久見人心，只要以誠相待，相信沒有人不被感動的。

3. 看懂情緒背後的意義

一、不可含怒到日落

1. 情緒讓人生病

喬依絲・邁爾（Joyce Meyer）在她的《如何管理你的情

緒》這本書裡面提到，「據醫學研究報告顯示，身體75%的疾病，是由情緒造成的，其中最主要的情緒問題之一是人們的罪惡感。有許多人正以疾病在懲罰自己。他們拒絕放鬆自己，享受生命，因爲他們覺得不配快活的過日子，於是，終其一生用懊悔和自責來爲自己贖罪。這類的壓力最易使人生病。」

2. 學習管理情緒

根據作者的自序，這本書主要是來自她個人幾場研習會，主題都是關於人的情緒和情感上的健康與醫治。其宗旨不是教導大家如何擺脫情緒，而是要大家學習如何管理自己的情緒。同時作者也說明，世界上沒有一個人能達到全無情緒的境界。比方說，憤怒的情緒幾乎人人有經驗，並且往往造成內疚與自責，但是作者引用聖經上的話說：「生氣卻不要犯罪，不可含怒到日落。」（以弗所書4：26）

3. 別被情緒控制

換句話說，人有情緒是自然的，各有不同的用途，我們的任務並非要除掉那些情緒，而是要學習管理情緒。情緒不會消失無蹤，會與我們常相左右，絕對不要拒絕或否認這些感受，甚至因而感到內疚。相對的，我們要將它們引入正途；拒絕受支配，而不是否定其存在。人類往往容易落入極端，不是做個無情的冷血動物，就是任由情緒支配我們，隨心所欲、恣意妄爲，結果多數人不是太過情緒化，就是毫無情感。我們需要的是取得平衡，表達積極的、有益的情緒，並控制負面、造成傷害的情緒。

二、情緒的基本分類

情緒就像顏色一樣有紅、黃、藍三原色，也有所謂原始情緒。這是源自舊金山加州大學艾克曼的發現，全世界任何一種文

化的人都可認出4種表情：恐懼、憤怒、悲傷與快樂，這也就是中國人所說的「喜怒哀樂」。

- ✧ 憤怒：生氣、微慍、憤恨、急怒、不平、煩躁、敵意、較極端的恨意與暴力。
- ✧ 悲傷：憂傷、抑鬱、憂鬱、自憐、寂寞、沮喪、絕望，以及病態的嚴重抑鬱。
- ✧ 恐懼：焦慮、驚恐、緊張、關切、慌亂、憂心、警覺、疑慮，以及病態的恐懼症與恐慌症。
- ✧ 快樂：如釋重負、滿足、幸福、愉悅、興味、驕傲、感官的快樂、興奮、狂喜，以及極端的狂躁。
- ✧ 愛：認可、友善、信賴、和善、親密、摯愛、寵愛、痴戀。
- ✧ 驚訝：震驚、訝異、驚喜、嘆爲觀止。
- ✧ 厭惡：輕視、輕蔑、譏諷、排拒。
- ✧ 羞恥：愧疚、尷尬、懊悔、恥辱。

三、喜、怒、哀、懼的意義

近代西方學者認爲，人的基本情緒分爲喜、怒、哀、懼四類。

- ✧ 【喜】每當人們情緒高漲時，表現出歡愉的行爲。而情緒高漲可因年齡、環境、知識、智能不同，表現出程度不一的歡愉行爲。
- ✧ 【怒】每當人們情緒受到強烈刺激時，所表現出暴躁的行爲。而情緒因刺激的強弱程度，反映在情感上也有所不同。
- ✧ 【哀】每當人們情緒受到沉重打擊時，所表現出悲傷的行爲。而情緒可因打擊的因素及程度差異，表現出不同的行爲。

✧【懼】每當人們情緒受到劇烈的恐嚇時，所表現出驚恐的行爲。而情緒可受恐嚇的輕重，反映出不同的行爲。

情緒與行爲是人類心理活動的一個重要部分。沒有情緒，人的一切活動是不可思議的。引起情緒的刺激，可能來自外部環境，例如：陽光、氣候、色彩、聲音、人、事物以及各種「意念」，也可因現實世界中任何具體的情景刺激，成爲情緒產生的觸發因素。但人對周圍事物採取何種態度、產生何種體驗，則視它們對人需要的滿足情況如何而定。情緒具有主觀色彩，人們與各種事物的關係不一樣，所抱持的態度也不一樣。

外部環境會刺激情緒，引起喜怒哀樂等反應，須學會控制負面的情緒。

四、情緒與個性有關

人在壓力中所表現出的行爲舉止是經過日積月累後，所形成的習慣反應方式，是個人特色的一部分，深深影響個人的人格特質與情緒適應狀況。每個人有自己習慣的溝通型態，甚至對不同的人也會有特定傾向的溝通型態。

1.指責型

這類型的人在面對壓力時，習慣反應是希望自己能夠掌控局面。因此，當看到令自己不滿意的地方時力求改進，也容易把憤怒的箭頭指向他人，責備或挑剔別人。

2.討好型

這類型的人在面對壓力時，常常先反省自己，檢視自己哪裡做不好或是不夠盡力。他們有過多的責任感、強烈的自責與歉疚感，而犧牲式的行爲也使他們負擔過重。

3.超理智型

面對壓力時，一點都不情緒化，可以輕易逃脫開來，直接分析壓力事件的來龍去脈，完全忽略負面的感受。因此，在人際互動中與別人有莫大的距離。

4.打岔型

對於打岔型的人而言，任何壓力來源都是他要逃避的東西，以免自己捲入無力與無奈的漩渦中。所以，這類型的人不斷的打岔以轉移注意力。他們逃避接觸自己內心的感受，也不想去了解別人內心世界，對所有事情皆淡化嚴重性，最好是能輕鬆解決以趕快忘掉煩惱。因此會顯得無責任感，但也較幽默，常常是群體中的開心果。

五、情緒與健康有關

無庸置疑的是，每個人的情緒與自己的健康有關，身體好的人情緒比較穩定，身體不好的時候，情緒特別焦躁不安。著名的心理學家Albert Ellis就提出12項愚昧的觀點，這些都是阻擾我們情緒的殺手。

1. 我應該獲得人人的喜愛，我的言行舉止都應該獲得別人的讚許。
2. 我必須在各方面表現得能幹、勝任，且有成就。
3. 做了錯誤的、卑鄙的、邪惡的事，應該受到嚴厲的批評。
4. 一旦問題的發展出乎意外，必然有生命危險。
5. 我們所遭遇的痛苦都是天命，無法控制。
6. 我們要隨時隨地防患未然。
7. 逃避困難和責任，遠比面對它們容易。
8. 我們一定要面對比自己堅強的人。
9. 往事決今朝——過去的影響，是無法抹煞的。
10. 我們與別人休戚相關，應該盡可能促使別人符合我們處理的模式。
11. 每個問題都應該有圓滿的解決，否則後果不堪設想。
12. 情緒是無法控制的，人是情緒的犧牲者，永遠無法改變。

一旦我們有了這些想法，心理上就難以逃脫自己的牢籠。久而久之，對自己的生理上也會造成莫大的影響。因此認清自己的情緒，時常朝著寬闊的地方思考，才會有健康的情緒。

4. 面對壓力　如何管理情緒

由以上所敘述的情況，祕書可以約略的了解，在日常工作中不僅不可能完全忽略情緒問題，更要勇於面對情緒，將情緒轉化爲動力與能量。正面的情緒，可以幫助經常在辦公室單調又狹窄活動空間裡面工作的祕書，能夠快速恢復自我。以下是專家提出的建議。

 一、如何恢復良好的情緒

1. 了解自己的情緒

當自己生氣的時候，一定會察覺到「我在生氣」嗎？我們情緒起了變化的時候，注意力經常會放在引起情緒反應的事情上，也就是陷入情緒當中，無法「跳出來」看到當下的情緒。經常在事後才察覺到「我剛才很生氣」。試著在有情緒反應時，除了注意到引起情緒的事件之外，也能分散注意力去體察自己「內心的情緒狀態」。

2. 妥善管理情緒

當能夠立刻察覺自己的情緒時，問問自己爲什麼生氣？爲什麼難過？如果是自己的想法引起不快，再問問自己，有沒有其他替代想法？同事給你臉色看，一定是他故意跟你作對嗎？會不會是他早上出門時路上塞車，害他整天一肚子火？如果找不到其他理由，就做些可以排解情緒的事，例如：找人訴苦、聽音樂、散步、狠狠地打一場球。總而言之，你一定有一些排解情緒的祕方，前提是不做讓自己後悔的事。

3. 同理心

要了解自己的情緒，也要了解並且接納別人的情緒。接納對方的情緒，並不是要你同意他的情緒，而是允許對方有權利產生情緒。你可以了解他的情緒，從他的立場去體會他的感受。

4. 社交技巧的培養

社交技巧首重真誠，沒有了真誠，就只剩下耍手腕了。用陳述自己感受的方式來表達，比指責對方讓人更能夠接受。多用「我」字開頭講話，而不是指責式的「你」字講話，這些都是可以訓練自己的好方法。

二、如何紓解自己的情緒

紓解自己的情緒和壓力的方法有很多種，可以用宗教的方法、自我管理的方法、醫藥治療的方法，或者運動的方式。每一種方式持之以恆的話，都可以達到不同的效果。

1. 體察自己的情緒

時時提醒自己注意：「我現在的情緒是什麼？」例如：當你因為朋友約會遲到而對他冷言冷語，問問自己：「我為什麼這麼做？我現在有什麼感覺？」如果察覺自己對朋友三番兩次的遲到感到生氣，就可以對自己的生氣做更好的處理。有許多人認為：「人不應該有情緒」，所以不肯承認自己有負面的情緒。要知道，人一定會有情緒的，壓抑情緒反而帶來更不好的結果。學著體察自己的情緒，是情緒管理的第一步。

2. 適當表達自己的情緒

再以朋友約會遲到的例子來說明，你之所以生氣可能是因為他讓你擔心，在這種情況下，可以婉轉的告訴對方：「你過了約

定的時間還沒到，我好擔心你在路上發生意外。」試著把「我好擔心」的感覺傳達給他，讓對方了解他的遲到會帶給你什麼感受。什麼是不適當的表達呢？例如：你指責他說：「每次約會都遲到，你爲什麼都不考慮我的感受？」當你指責對方時，也會引起他負面的情緒，他的反應可能是：「路上塞車嘛！有什麼辦法，你以爲我不想準時嗎？」如此一來，兩人開始吵架，別提什麼愉快的約會了。如何「適當表達」情緒是一門藝術，需要用心的體會、揣摩，要確實用在生活中。

3. 以合宜的方式紓解情緒

紓解情緒的方法很多，有些人會痛哭一場、或找三五好友訴苦一番、或會逛街、聽音樂、散步，或者逼自己做別的事情轉移注意力。比較糟糕的方式是喝酒、飆車，甚至自殺。提醒各位，紓解情緒的目的在於給自己一個釐清想法的機會，讓自己好過一點，也讓自己更有能量去面對未來。

如果紓解情緒的方式只是暫時逃避痛苦，將來會需要承受更多的痛苦，這便不是一個合宜的方式。有了不舒服的感覺，要勇敢的面對，仔細想想，爲什麼這麼難過、生氣？我可以怎麼做，將來才不會再重蹈覆轍？如何做可以降低不愉快感受？這麼做會不會帶來更大的傷害？根據這幾個角度去選擇適合自己，且能有效紓解情緒的方式，就能夠控制情緒，而不是讓情緒來控制你！

三、工作中的壓力紓解

日常工作中如果感覺有壓力，以下是辦公室裡可以嘗試的辦法：

1. 看照片

一些親密家人的照片、宗教的語句，或座右銘式的東西，可以緩和情緒。建議放幾張最喜歡的照片在身邊隨時欣賞，很有助益。

2. 喝咖啡

香醇的咖啡讓人的神經有調和的作用。同時，四周的人由於一杯咖啡而關係更佳，這和「來根菸吧」有異曲同工之效。

3. 巧克力

巧克力有提神的興奮作用，會使人快樂。所以，經常擺幾顆放在桌上，煩躁時吃上一顆，也是法寶之一。

4. 聽音樂

許多人上班可以聽收音機，一方面增加知識，掌握最新動態；另方面音樂能提高工作情緒，減低「寧靜」的壓力。

5. 深呼吸

練習呼吸，吸滿一口氣，暫停幾秒鐘，再緩慢吐出，一共做3～5次，會使頭腦由雜亂無章的情緒中暫時抽離，搭配音樂，效果更佳。

6. 打電話

心煩時，打一通電話給朋友，立刻有移情作用。這也不失爲解除壓力的好方法。

7. 聊天

實在無法進行工作，再做下去效果可能更差。那麼找同事聊聊，發發牢騷也是一個方法。或許可找到新的靈感及獲取新的情報，問題因此而解決了。

紓解工作壓力，可聽音樂或喝杯香醇的咖啡。

四、下班後的壓力紓解

下班之後，也就是工作以外的時間如何紓解壓力呢？以下是經常可以想到的絕招。

1.運動

每週至少3天，每次至少30分鐘連續性運動。有運動的人肺活量大、氣足、病痛少、身體健康，能接受較大的壓力。

2.唱歌

KTV其實是順應時代的產物，藉由「聲嘶力竭」的機會，以及搭配模擬式的音樂情境，壓力隨之而解。

3.小酌

喝酒不見得就是壞事。適度的小酌，可以達到釋放壓力的效果。

4. 旅行

離開工作現場3天可以解除小壓力、7天可解除中壓力、10天則能紓解大壓力，適時安排旅行，可以有利於及時紓解壓力。

5. 看書

找解答、找解藥的方法之一，就是看書、看雜誌。看一本好書會提供很多新的靈感和點子，也許問題就能迎刃而解。

6. 看醫生

有精神科方面的問題，例如：焦慮、恐懼及精神官能相關的疾病，應該諮詢醫師並且對症下藥，達到釋放壓力及解決問題。

7. 寵物

現代人喜愛寵物有時更甚於子女及財產，而成爲生命的一部分。所以，選擇寵物作爲寄託也不錯。

8. 玩賞

看電影、郊遊、聽音樂會、看展覽，只要能夠有活動的機會就不要錯過，這些都能一點一滴紓解壓力。

9. 洗澡

水的循環能造成血液循環加速，促進新陳代謝，因此洗澡、沖涼都能減低壓力。

10. 靜思

日本人最喜愛「安靜的沉思」，眞的很管用。讓思想有馳騁的空間，才能想出新的答案，這一點也很重要。

11. 學習

有興趣學習新技藝，像電腦、太極拳、插花、游泳、語文

等，只要有付出就有收穫。學習的成就，會使人重新肯定自己。

12. 交友

友直、友諒、友多聞，益者三友有如良師，終身受益無窮。有問題時直接找他們，透過發洩傾吐的機會，壓力往往在傾吐中化為烏有。

學習便利貼

✧「第七感」指的是一個歷程，讓我們能藉此監督與調整身心健康三角形中的能量與資訊流。

✧當我們與別人同頻率時，就是容許自己改變內在的狀態，來與別人的內在世界共鳴。

✧缺少了情緒平衡，我們不是會過度激動，邁向混亂；就是過於消沉，陷入僵化或憂鬱的狀態，這兩種極端都會耗盡我們的氣力。

✧情緒是無所不在的，它可以從臉部表情、行為舉止和處事態度看得出來。個人的情緒很容易受到外界刺激或個人身心變化的影響而改變，小至他人的一個表情，大到社會文化環境，都會影響情緒的起伏。

✧杏仁核（amygdala）位於大腦底部，又稱扁桃體，因形狀類似杏仁而得名。它掌管焦躁、驚恐等情緒記憶與意義，能讓動物產生恐懼感與學習躲避，有「情緒中樞」與「恐懼中樞」之稱。

✧以往的觀念裡面，談到情緒總是負面的。然而新時代的想法是不同的。對照傳統的思維，現代的定義是運用情緒來提升創新思維的能力。

✧情緒是一種複雜的心理歷程，情緒不會無緣無故產生，必有引發的刺激。人、事、物和一些其他內在的刺激，也會引發情緒。

✧祕書在工作中必須體驗出情緒變化的來由，這樣才能適當的化解情緒。

✧祕書工作的內容雖然多變，但並非完全不可掌控。遇見問題不用壓抑也無須擔心，可以大笑、也可以大哭；可以哀傷，也可以悲愁。但前提是自己能清楚察覺當下的感受，而不是讓情緒隨時隨地恣意發洩。

隨堂小測驗

上網找一兩種情緒測驗做做看，找出自己目前的EQ指數，並且與他人分享。

假定有一個很不講理的客戶來電，結果占據祕書很多上班的工作時間，讓祕書有些惱火，對客戶說了幾句氣話，放下電話之後，又想要打電話去道歉，這時候，她應該如何平撫自己和客戶的情緒？

今天辦公室有點沉悶，老闆剛剛失去一張重要的訂單，身為祕書該如何度過這個場面？

PART 2

行政管理快易通

05

大數據e點靈

檔案管理

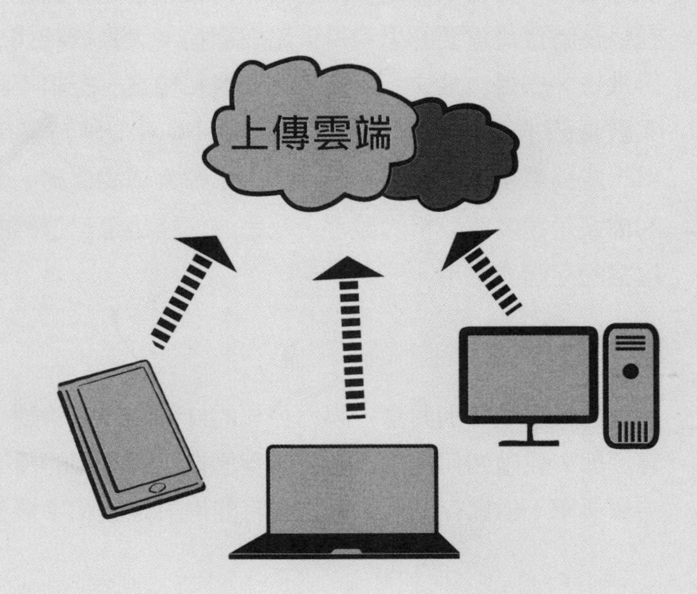

所謂參謀，就是對將軍（社長）提供建議者。為了在年輕時就有能力做到如此，必須不厭其煩踏出自己的雙腳去詢問他人，或走出辦公室蒐集資料。利用網路也行，總之勞動自己蒐集資料，拼命分析，然後以將軍能夠理解的方式傳遞訊息給他——也就是說，能夠提出建言的人才可以稱為參謀。

～大前研一～

前　言

國際知名趨勢大師大前研一，在他的《企業參謀學》這本書當中提到，能夠進行眞正自由的策略性思考的參謀，必須隨時了解自己能夠選擇的替代方案是什麼，思索這之間的得失考量是不能怠惰的。祕書工作是標準的幕僚作業，也是參謀性質的工作，在科技時代最重要的思考是策略與取捨。大數據時代一切問題來得飛快，去得也飛快。所產生的資料和檔案，絕對不只是傳統檔案數量的千萬分之一；並且，運用這些看似陳舊無用的手邊資料，成爲眞正的黃金檔案，才是未來檔案學的眞諦。大數據時代的檔案是速度與分析的競爭，祕書的任務是毫無遺漏的監控這些檔案的存儲與應用。

案　例

今天小姚特別興奮，因爲公司的IT部門昨天給她一下午的教育訓練，教她如何運用雲端技術存儲自己和老闆的檔案。這個雲端資料庫不但儲存量大，可以隨時隨地與電腦和手機連接，而且下載和分享的速度超快，幾乎是完美的雲端儲藏庫。所以，小姚打算利用這幾天老闆出差，不算太忙的時間，好好把原先電腦的檔案，悉數都存到雲端資料庫裡面。她的工作將包括：

1. 設定一組很難破解的密碼，並且保證自己不會忘記。
2. 把自己的檔案，趁這個機會全部大整理一次，刪掉至少一半以前認為有用，現在看來絕對沒有價值的文件。
3. 重新編排資料夾，讓所有檔案一目了然。
4. 為老闆的檔案做出一番梳理，並且請示哪些可以重新規劃或刪除。
5. 利用空餘時間，將整理好的檔案，分批上傳雲端。
6. 仔細核對雲端所接收的資料是否完整，某些資料是否在傳檔過程中被遺漏。

如果你是小姚，還要做哪些後續處理？保證這些資料可用，而且絕對保密在雲端資料庫？

學習直通車

1. 學習新時代的檔案管理概念
2. 傳統檔案與電子檔案的區別
3. 雲端儲存的時代來臨
4. 祕書如何正確看待大數據

1. 傳統檔案與電子檔案

一、辦公室裡數不盡的檔案

1.什麼是檔案？

所謂「檔案」，根據美國檔案人員學會（Society of American Archivists，簡稱SAA）出版的辭典《*A Glossary for Archivists, Manuscript Curators, and Records Managers*》的定義，是指「由某人或某機構在處理業務時所產生或接收的文件，並因其具有持續性之價值，而被彙集與保存；傳統上，檔案指的是較狹義的說法，是指具有持續性價值的非現行文書」。

2.檔案的來源

檔案的產生機構，包含各公私機構與個人或家庭等單位。商業檔案的前身，即是商業文件；而商業文件的產生，則是企業在生產建設、經營管理等各項活動中，按照一定的程序和要求形成的原始紀錄。公司的企業活動，可從兩個方向來歸納：縱向與橫向。從縱向的企業發展來看，企業的創立、內部組織的調整、公司的營運、解散、破產或併購等階段，都會有重要的文件形成；而從橫向的企業活動領域來看，企業的研發、生產、決策、行銷、日常管理、客戶服務、財務和人事等業務，亦都有相應的文件產生。

3.檔案的歸類

這些文件，基本上都與一個公司的經營管理有著密不可分的關係。商業檔案不僅來源分散，其種類也是多樣化的。大部分的國家，對於商業檔案之管理，都沒有法令的限制。除了對於會計檔案中的財務報表、會計憑證有保存年限之規定外，在商業檔案之其他方面則很少有相關之法令規範。由此可知，檔案管理的形成，往往是祕書在日常工作中，日積月累的心得而已，許多公司連最簡單的檔案管理辦法，都不曾頒布過。

辦公室有數不清的檔案，如何管理是一門大學問。

二、檔案的保存價值在哪裡？

1. 檔案的價值

管理學家謝倫伯格（Schulenburg）認爲，檔案具有主要價值與次要價值；而商業檔案，既是檔案的一種，也具有同樣之價值與功能：

✧ 主要價值：

(1) 行政價值：用以支援檔案產生者持續進行每日例行的行政事務的價值，如人事檔案、行銷檔案等，皆可供主管人員在行政及管理決策上之參考，並可提升工作效率。

(2) 法律價值：單位的法律職責及保障法律權利的價值。

(3) 財務價值：用以建立某單位的財務責任與可信度的價值，可藉此作爲公共關係之建立，如上市公司財務報表公開。

✧ 次要價值：

這是指證據價值與資訊價值，也就是有關該機構的組織與功能之證據及檔案內容所提供的資訊價值。此種次要價值，可提供作爲歷史研究及社會經濟研究之依據。

2. 檔案的功能

商業檔案具有時效性和擴展性的功能，現在有用的檔案，隨著時間的推移，將來有可能沒有用處。而現在尚未使用的檔案，將來則有可能有用。在現今競爭激烈的企業環境下，企業的外界環境和生存條件變化速度與幅度都非常大，因此，判斷檔案的價值與作用時，要有發展的眼光，既要看到當前的作用，亦要預估未來的需要。

3. 檔案的重要

公務紀錄對於公司而言，確實是具有相對的重要性和價值。公務紀錄不僅是歷史文件，而且還具有下列的意義：

✧ 處理行政業務的紀錄

✧ 公務之查考及研究

✧ 法律上之憑證

✧ 史料的來源

✧ 工作成績的表現

三、日常有哪些資料需要檔案管理

對於祕書日常的工作範圍而言，要管理的各種公務檔案非常多，不僅僅是文書檔案而已，事實上還包括下列各種資料：

- ✧ 各種命令及手令
- ✧ 計畫方案與法規
- ✧ 收發文稿（公文）及附件
- ✧ 電子郵件
- ✧ 帳冊、表件
- ✧ 印鑑及設計圖案
- ✧ 契約副本及印刷品樣本
- ✧ 會議議程及紀錄
- ✧ 證章及通行證
- ✧ 報章雜誌
- ✧ 史料文物

所以，只要是企業內發生過的任何實質的歷史資料，都在祕書的管理範圍之內。這些東西小自辦公室的書報雜誌，大至董事會的報告和財務稅務報表，無一不是透過祕書加以分類整理，所以祕書常常會對於這些瑣碎的東西，感到很心煩。但是事實上，只要花一點心思，找到合適的工具和分類的方法，就不難達到妥善管理的目的。

四、如何整理傳統郵件

1. 郵件拆封的法則與注意事項

祕書每天都會收到一些傳統郵件，這些郵件有一半可能都是廣告信函，幾乎沒有必要拆封，可以直接扔掉。需要留意的郵件不外是3種：第一是開會通知，這要立刻登記在郵件登記簿上

面；第二是法律文件，包括信用狀和財務憑證，這些不僅要登記，還要立刻轉交相關單位辦理；第三是主管私人函件，如果信封上寫明是「密件」，那就不能拆封。郵件拆封以前要在信封上註明收件的時間，拆封之後立刻用迴紋針將所有資料別好在一起，不可零散擺放。拆封的時候，祕書要用剪刀沿信封信頭上剪開，小心翼翼不可傷害到信封內部的文件。

2. 信件的摺疊法

信件的摺疊方法很重要。首先是中式的摺疊方法，中式信紙文字向外。如果是上下直式書寫，則首先把左右對折，然後由下朝上、摺疊三分之一，再由上往下放入信封內。如果是中式信紙左右橫式書寫，則先由下向上、摺疊三分之一，再由上而下摺疊三分之一。西式信紙對折方式與中式橫寫相同，但是文字在內，以保密爲優先考慮。

3. 公文附件的郵件處理

公務文書有時候含有諸多附件，例如：帶有支票、相片、光碟、說明書等，這些都需要仔細核對。支票或法律文件必須另外登記，發交相關單位。相片、光碟必須仔細查對是否正確無誤，再提交上級處理。計畫書或說明書則以分開放置爲原則，不一定要隨文件分交各單位瀏覽或是會簽。

4. 錯誤拆封的法律問題

祕書可能會誤拆了不是自己單位或是主管的信件，這在法律上是構成犯罪的事實，不可不愼。如果眞的誤拆，那就必須用原來的信封把信重新裝好，並且信封口封上之後，簽名註明誤拆，以示負責。

五、如何處理電子郵件e-mail

1. 通常最常來件的時間是何時？

網路郵件是永遠不停歇的流動，祕書不可能24小時都盯著郵件，必須要有自己的選擇性。想想看這個行業的特性，郵件通常是什麼時間往來最多？如果不知道的話，可以選擇一天來研究一下，平均一天上班8小時，郵件到底集中在哪些時段進來？找到時間點之後，就知道何時收件、回覆最適當。

2. Down load所有文件之後立刻分類

早上進入辦公室當然須閱讀文件。這時候祕書最好使用Outlook裡面的功能，讓所有的郵件能夠自動分類成爲不同的資料夾。當然在這個過程當中，可以自動過濾掉有毒的文件和廣告郵件。如果沒有自動過濾分類的功能，那就先手動把各種文件分類過濾，不需要的文件立刻刪除。

3. 儲存檔案之前檔名需要更改或加減

處理文件的過程中，有些可能需要立刻儲存。這時候祕書要費點功夫，檢查一下原始郵件所設立的檔名，是否清楚標明文件性質。例如：「class」是什麼？「invitation」到底邀約什麼？這一類的來文，祕書都必須加以轉化，將檔名修改之後，才能夠清楚提示所儲存的郵件，是什麼內容。

4. 立刻將對方的account存入通訊錄

檢查郵件的同時，祕書要確認郵件的寄件者，是否爲首次寄件者？如果這是第一次通信，那最好立刻把對方的帳號存入通訊錄裡面。這件小事很容易忽略，等到下一封郵件閱讀的時候，或許會把這封郵件刪除，再也找不到這個人的帳號了。現代人通常

有很多個帳號，導致不清楚哪個是最新的？這時候，祕書也要設法update一下，找出最正確、最常用的帳號。

5. 個人資料另開資料夾與公務分開

祕書經常在辦公室因爲閱讀自己的私人郵件，而受到處罰。事實上，私人郵箱是不被允許在公司出現的，更何況利用上班時間閱讀回覆，更是應該在禁止之列。不過很多公司網開一面，沒有如此嚴格限制，此時可用不同的帳號或是資料夾，來處理祕書私人信件，公私分明。

6. 分類可以用網路文章、重要e-mail和個人資料3種

祕書在郵件的分類上需要花點功夫，這就是檔案管理的基本問題。分類整理越澈底，將來找到的機會越大，所產生的效率越高。有些人會蒐集一些網路文章，當作資料蒐集，此時需要仔細分類，才不會越變越多，將來不知道從何處找起？郵件分類有優先順序，可以建立一、二、三、四級別的郵件，特級的郵件要率先回覆。

7. 每隔半個月刪除過期的資料

過期的檔案要多久收拾一次？答案是至少半個月就要大整理一次，否則許多過期無用的資料，會占用很多空間。空間就是時間，也就是時效。不要放任自己的檔案資料夾越來越多、越來越大。若因現代的處理器很快，就讓郵件資料無限度擴張，這是錯誤的觀念。

8. 注意存取中電腦中毒的問題，需要2個以上的磁碟

祕書都曾發生電腦中毒的經驗，當電腦跑得越來越慢的時候，就要留意電腦是否已經快要中毒了。祕書一定要有備份的觀念，把平時非常重要的檔案，用第二個硬碟儲存起來，並且要異

地備份，以防萬一。

9. 祕書須先與主管溝通以便處理時分等級

祕書每天處理的工作量和文書很多，主管會等得不耐煩，這時須事前與溝通主管，了解哪些應先處理，哪些可以延後回覆。如果自己不知道如何區分等級，可以送請主管標明輕重緩急，否則祕書自作主張，往往會壞了大事。

10. 注意網路資源分享是否會公開私密

對於公私分明的解釋需要注意的一點，就是網路上的私密性。大部分的公司都有password，來鎖定某些層級的文件。祕書因爲身分關係，通常有較高的權限，因此必須了解哪些文件不可任意將附件或是本文，轉給不相干的人。

六、檔案的分類方法

1. 性質分類法

又稱標題分類法或科目分類法，即依照業務性質或組織部門分類，如依人事、財務、行銷、企劃等部門或性質分類。此一分類法較適用於組織或業務龐大的公司，優點爲檔案簡明清楚。

2. 字母順序分類法

將欲歸檔文件以所屬單位名稱或負責人之姓名，根據英文字母先後順序排列，歸於適當的檔案夾。此一分類法最直接也最簡單，快捷方便。

3. 筆劃順序分類法

以中文字的筆劃數處理的分類方式，依單位名稱的第一個字或負責人姓氏筆劃順序歸檔。

4. 地理分類法

以顧客的所在地爲基準，依地域位置，同一個洲、國家、省、市的資料集中歸檔。依照由北到南的順序分類，適用於大企業在各地的分公司資料，依地理位置順序歸檔。

5. 號碼分類法

號碼分類法是在文件分類後編上號碼，再依其號碼予以歸檔。使用時只需查看目錄上的號碼，再根據號碼調閱文件資料即可。有做檔案管理編號的企業，可以有效應用此方法。另外，醫療院所之病歷資料管理，或顧客類別爲一般消費者，可採用身分證號碼、電話號碼爲代碼的資料保存方式。如果交易對象爲法人之顧客，也可運用該公司的統一編號爲歸檔依據。

6. 時間分類法

指不論文件的性質及類別，僅依發信日期或收件日期的時間順序存放。

7. 顏色管理分類法

大都使用於公司成立資料中心時，因檔案數量多，利用檔案夾本身顏色來區分類別。如人事部使用綠色檔案夾、財務部使用黃色檔案夾、貿易部使用藍色檔案夾，其次可再於檔案夾加上顏色標示作區分。

8. 符號分類法

小朋友因爲看不懂文字，所以使用符號，或者是大衆熟悉的符號，像是「洗手間」就用不著寫上「廁所」這些字樣了。

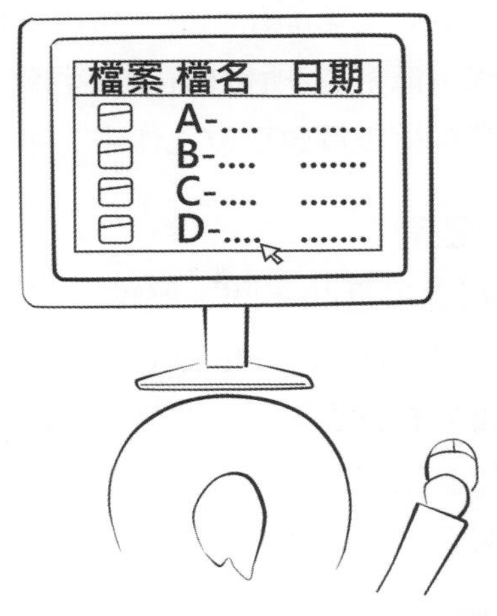

電腦檔案的分類方式很多，採用字母順序分類是一種簡易方便的方法。

2. 雲端儲存時代來臨

一、美歐祕書協會對雲端技術的重視

1.美歐祕書協會規模

美國國際行政專業協會（International Association of Administrative Professionals，簡稱IAAP）是目前全世界組織規模最大、人員最多、最具有影響力的祕書協會。據統計美國現有410萬名祕書及辦公室行政人員；另有890萬名是負責辦公室幕僚性的行政人員。在加拿大，這個數字是47萬5000人。歐洲祕書協會原名European Association of Professional Secretaries，後更名爲EUMA（European Management Assistants），目前有26個會員國。另外還有愛沙尼亞、克羅埃西亞、埃及、葡萄牙、羅馬尼亞

和俄國加入爲個人會員。總部在巴黎，祕書處在奧地利，是全歐洲最大的祕書行政組織。這2所機構在近2年的年度會議，不約而同的都強調了雲端技術在行政祕書工作中的重要性。

2. 祕書工作革命性改變

祕書的工作在過去近40年間，歷經三次革命性的華麗大轉身。最近一次是在雲端計算（cloud computing）技術開始的。2006年美國提出雲端計算之後，自此全世界的網路儲存快速進入雲端處理階段，祕書工作也由原來的定點定時服務，逐漸成爲及時跨界的全方位服務。

3. 雲端儲存成主流

在IAAP 2013年年會上，有一個專題研討就圍繞著雲端，名爲Which cloud should you work in? 而在當年的科技教育培訓（Technology Education Conference）大會上，雲端科技的學習主題是What is Cloud Computing? Learning How to Get the Most Out of Online Storage。換句話說，雲端科技以及雲端儲存應用已經是辦公室行政人員必須學習的課題。Online storage（線上儲存）也將是現今檔案管理的主流意識。

二、什麼是雲端儲存

1. 什麼是雲端儲存

雲端儲存（線上儲存）或稱雲儲存，是從雲端計算的服務裡面衍生出來的。這是指透過移動通信系統、網路技術和分布式文件系統等功能，將網路中大量各種不同類型的儲存設備，通過應用軟體集合起來，共同對外提供數據儲存和業務訪問的一個系統。

2. 雲端儲存空間從哪來？

這種網路線上儲存（online storage）的模式，就是把資料存放在第三方代管的多臺虛擬伺服器，而非專屬的伺服器上。代管公司經營資料中心，有需求的顧客就向他們購買或租賃。代管公司依照顧客需要設計虛擬化的資源，並且用儲存資源池（storage pool）的方式提供服務。

3. 雲端儲存的優缺點

✧ 優點

(1) 企業可以把越來越多的各種檔案，儲存在第三方的資料中心，節省時間與空間。

(2) 企業可以依照自己的需求，設計儲存檔案的模式。

(3) 日常備份資料與檔案管理的工作，可以交給專業代管公司負責。

(4) 配合大數據時代來臨，可以將所產生的檔案充分利用。

✧ 缺點

(1) 資料保存存在著安全的顧慮，如何處理機密性的資料，需要進一步的考量。

(2) 有些資料的儲存因爲網速較慢，上傳、下載很費時間。

(3) 某些雲端儲存公司對企業收費不低，給予的儲存空間不夠用。

(4) 儲存過程中，難免會有不完全儲存的差錯。

三、祕書經常使用的雲端資料櫃／雲端硬碟

目前臺灣比較常用的各種雲端服務，大致有Dropbox、Google雲端硬碟、OneDrive、Amazon Cloud Drive、Box.com、

iCloud、Copy.com、MediaFire、Bitcasa、MEGA、百度雲及國內中華電信的Hami+個人雲、ASUS Web Storage等14種雲端服務，祕書可以試著選擇其中一種，練習雲端儲存自己或部分公司的檔案資料。根據網路行家的說明，目前Dropbox降價後的價格，已經跟Google雲端硬碟、微軟OneDrive同價（1TB每月約10美元）。不過OneDrive還包含了Office 365的5人家用版，等於是以月租的方式來合法使用最新版的Office軟體及1TB的雲端空間，相當划算。如果使用空間較小的使用者，可以考慮用Google雲端硬碟及微軟OneDrive的100GB方案，平均一天只要新臺幣2元。

1. Dropbox

- ✧ Dropbox是最普遍的雲端儲存空間，也是最開始提供雲端儲存的廠商，雖然免費空間只有2GB，但有很多方法可以提供免費紅利空間，讓使用者大幅增加雲端空間。
- ✧ Dropbox支援線上編輯Microsoft Office文件檔案，包括Word、Excel、PowerPoint都可以在線上編輯，而且還設計各家不同的電腦和手機系統專用應用程式，從Mac、Windows、Linux，到iOS、Android、Windows Phone、BlackBerry、Kindle Fire，都有相對應的Dropbox應用程式可供下載使用。
- ✧ 因爲有衆多的應用程式及系統支援，所以應用程式設計簡潔、清楚，Dropbox是一款簡單好用的雲端儲存空間，全世界的使用者很多。

2. Microsoft OneDrive

- ✧ OneDrive原來的名稱是SkyDrive，目前提供免費的15GB空間使用。擁有Mac、Windows應用程式，也有iOS、Android和Windows手機專用的APP可以下載使用。最特別的是也有XBOX專用應用程式，這也是唯一一款支援家用遊戲主機的雲端儲存空間。

✧ 由於OneDrive是Microsoft開發的軟體，所以除了內建在Windows 8、8.1及以上版本系統之外，更是能和Windows系統裝置無縫接軌，當然也支援Microsoft Office。

✧ OneDrive最適合Windows PC、Windows筆電、平板和Windows Phone使用，能讓資料即時在同系統裝置內傳輸使用。

3. Google雲端硬碟（Google Drive）

✧ Google雲端硬碟免費提供15 GB的Google線上儲存空間，可儲存相片、記事、設計、繪圖、影音存檔等各種內容。可隨時隨地查看檔案。要注意的是Google Drive的空間計算，包括e-mail、文件、圖片、Google+，也因此如果你的資料很多、檔案很大的話，空間消耗量會相當驚人。

✧ 無論透過智慧型手機、平板電腦或桌上電腦，都可以存取在雲端硬碟中的檔案。無論身在何處，檔案都如影隨形。

✧ 共用檔案和資料夾，可以立即邀請其他人來檢視及下載檔案，並在檔案上進行協同作業，過程中完全不需要使用電子郵件附件。

✧ 在支援系統上，Google Drive支援目前主流系統，包括電腦系統的Windows、Mac的應用程式，行動裝置的Android和iOS兩大系統的APP。而特別提及的是，近來Google電腦系統Chromebook越來越多，同公司的Google Drive自然也有提供內建應用程式在電腦中。

- ✧ Google Drive的優點在於不需要進行設定或註冊，只要有Google帳號就能擁有，而且可以儲存e-mail附件檔案、備份照片。如果下載Windows版的Google Drive應用程式的使用者，會發現它已經和Microsoft Office深入整合。不但可以直接打開MS Office檔案，還能編輯。若是Mac OS、iOS、Android系統或網頁版，目前還是只提供Google Docs。

4. ASUS Web Storage

- ✧ ASUS Web Storage是華碩公司開發的雲端空間，提供每一個帳號5 GB的雲端空間。如果你是ASUS電腦使用者，使用空間還能免費增加。
- ✧ 這款APP雖然不敵國外各大廠的雲端，但比各大廠更好用的部分是，當檔案上傳時，提供即時掃毒功能，只要中毒，將立刻被隔離，且無法再下載或分享給他人。
- ✧ 這款雲端分享還具有期限和密碼設定，讓資料稍具安全性。如果是付費使用者的話，資料的保護密碼還能改成更嚴密的OTP動態密碼，更有保障。
- ✧ 這款雲端空間也許在很多部分還不及於其他大廠，甚至免費帳號的上傳檔案大小限制只有500MB也不算大，但它整合全臺7-ELEVEN ibon及全家便利商店FamiPort列印機臺，讓使用者可以在便利商店直接列印雲端檔案，相當方便。

5. iCloud (Apple)

- ✧ 由Apple公司推出的iCloud雲端儲存空間，目前Mac內建。另外，提供Windows安裝程式版本。在行動裝置上，目前官方僅支援iOS裝置。同時也有iCloud網頁版，提供5GB的免費空間，不僅是雲端儲存空間，更提供iOS行動裝置雲端備份。

✧ 由於是Apple開發的雲端儲存空間，所有的內容大部分都是以Apple產品為主。網頁雲端操作版本也支援新增、編輯Office文件，但是僅提供Apple iWork網頁版系列。同時還具有尋找我的iPhone、行事曆、聯絡資訊、郵件、備忘錄……功能，除了線上編輯之外，也能在雲端同步到iPhone、iPad和iPod touch上，讓iOS系統及有支援的相關APP資料不間斷，適合Apple產品使用者使用。

越來越多企業將檔案儲存在第三方的資料中心，如Dropbox、Google雲端硬碟等。

四、雲端儲存的類別

1.企業或個人使用雲端儲存勢在必行

雲端儲存分成各種不同的公共雲端儲存類別。以亞馬遜公司的Simple Storage Service（S3）和Nutanix公司提供的儲存服務為例，可以低成本提供大量的檔案儲存。供應商可以確保每位客戶

的儲存、應用，都是獨立的、個別的。另以Dropbox爲代表的個人雲端儲存服務，是公共雲端儲存發展較爲突出的代表。中國大陸比較有代表性的，有搜狐企業網盤、百度雲盤、樂視雲盤、移動彩雲、金山快盤、堅果雲、酷盤、115網盤、華爲網盤、360雲盤、新浪微盤、騰訊微雲、cStor雲端存儲等。

2. 公共雲端儲存可以劃分一部分用作私有雲端儲存

一個公司可以擁有或控制基礎架構，以及應用的部署。私有雲端儲存可以部署在企業資料中心，或相同地點的設施上。私有雲端儲存可以由公司自己的IT部門管理，也可以由服務供應商管理。

3. 內部雲端儲存

這種雲端儲存和私有雲端儲存比較類似，唯一的不同點是它仍然位於企業防火牆內部。至2014年可以提供私有雲端儲存的平臺有：Eucalyptus、3A Cloud、MiniCloud安全辦公私有雲端儲存、聯想網盤等。

4. 混合雲端儲存

這種雲端儲存把公共雲端儲存和私有雲端儲存／內部雲端儲存結合在一起。主要用於依照客戶的要求，特別是需要臨時配置容量的時候，從公共雲端儲存上劃出一部分容量，配置於私有或內部雲端儲存。這樣可以幫助公司面對迅速增長的高負載量。儘管如此，混合雲端儲存帶來了跨公共雲端儲存和私有雲端儲存分配應用的複雜性。

五、雲端儲存的未來

克里斯多夫・蘇達克在他的《大數據時代的決勝因素》提到

以下重點：

- ✧ 未來企業採用雲端運算的第一個驅動力量是，雲端運算大幅改善資訊科技資源利用，因而大幅減少營運成本。第二個驅動力量是，大多數雲端方案提供很大的營運彈性。
- ✧ 雲端發展的一個有趣的意外結果，就是餵養一整個新世代的新創公司。
- ✧ 雲端運算目前正經歷市場狂熱炒作的週期，很快就會在各行各業成爲標準業務模式。
- ✧ 在不久的將來，我們或許會發現幾乎各種業務成果，都能透過使用第三方的虛擬化資源而完成，而整個虛擬產業可能也幾乎完全不需要資本投資而興起。
- ✧ 成功的企業將是那些快速且全面接受業務外包做法的公司，藉此將營運成本最小化，並將業務彈性最大化。
- ✧ 隨著越來越多組織採用雲端服務，雲端業者也會開始提供大量的監管資訊給業主。
- ✧ 這種把業務外包，使用雲端服務來滿足商業需求的模式，就是雲端化。
- ✧ 許多公司會把大部分的業務外包，只留下關鍵業務讓內部員工操作，像是產品開發、行銷、廣告等業務。也會保留生產這一環，但是其他的業務大多會外包處理。
- ✧ 雲端化的發展有個可怕的副作用，就是許多企業的中階主管變成組織裡的冗員。外包之所以能夠提升效率，就是因爲企業可以因此精簡人力，不再需要許多管理階級來監管業務、呈報進度，或是舉行無數會議。
- ✧ 企業中的非核心業務都適用這種做法，像是人資、會計、物流、客服等都可以外包。

✧ 這股市場趨勢顯示，自助式的商業模式在未來會變成主流。

✧ 雲端產業的轉型與成熟，應該會在2020年之前就完成。

3. 成功管理檔案的撇步

一、檔案管理的通病

經常有主管抱怨祕書的檔案管理做不好、文件找不到，找到了又是舊的資料。這也許是祕書的檔案管理方法不正確，但也有可能是其他的問題，譬如以下情形：

1. 無健全的組織系統

公司內部的組織系統不斷的變革，使得檔案的歸屬單位經常修改，致使最後移交的時候，誰也不知道檔案花落誰家？

2. 檔案人員素質低落

管理檔案的人員沒有接受過專業的訓練，所以按照自己的想法去做。或者是找個不相干的人去管理檔案，致使檔案系統十分紊亂。

3. 無科學的檔案分類法

所謂科學化的檔案分類方式，是按照國際慣例來分類，同時依據公司的組織規模來設計。例如：按照公司的功能類別，或是依照公司的企業文化發展模式來決定，都必須層層考慮。

4. 無完備的索引

表面上檔案分類完成，但是實質上卻不易找尋，這就等於零。檔案管理的原則是，任何人依據檔名，就可以輕易的找到所需的資料，而且資料還是最新的才行。

5. 缺乏檔案管理制度

無論任何最小的組織或者單位，在檔案建立之初，都要有自己的檔案管理制度。規定必要的建置與檔案流程、保存期限等，這些制度必須明令公布。

二、如何建立檔案管理制度

1. 檔案室或檔案櫃

公司檔案管理的工作不應隨便交給新人，而應由對公司組織文化及歷史有足夠了解程度的人來做。實際檔案管理與鑑定流程，可依下列程序進行：

- ✧ 建立公司組織圖：對於商業檔案之鑑定，首要的第一步，即是先建立公司的組織圖。從組織圖可看出整個公司，各例行業務的全貌。
- ✧ 建立公司文件的目錄清單：
    (1) 全宗原則：依據各部門而列出相關檔案，有些較小的公司並無部門之編制，可以依照功能別來區分。同一部門或同一功能業務所產生的檔案應放在一起，且應依據其原始順序排列，此即所謂的全宗原則。
    (2) 文件系列爲單元：在全宗原則下，再按照該文件的功能、主題或其他特性而形成各種文件系列。例如：帳簿、會議紀錄等彙整。通常在一個公司裡，常見的文件系列類型有：會議紀錄、往來書信、股份記載書、法律文件、財務文件及統計資料等。而每種文件系列下，又可區分爲許多副文件系列，例如：就會計檔案

而言，可分爲：帳簿、各種財務報表、發票等；書信可以依年代、往來客戶的公司名稱或其他標準而分類。會議紀錄則可依不同委員會、工作團體、或年度會議來區分。

2. 檔案盒標籤之製作

文件系列之檔案整理好後，可放入檔案櫃，並應在盒外做一標籤，給予明確的描述。所描述的內容包括：公司和部門的名稱、文件系列的名稱、文件所涵蓋的起訖日期、保留期間和保存地點、檔案的件數、檔案產生者等。

3. 訂下檔案保存期限及決定其銷毀日期

建立檔案清單後，接下來的工作，就是要訂下檔案保存期限及決定其銷毀日期的檔案鑑定工作，這種經過鑑定的檔案稱爲「scheduled records」。通常檔案鑑定工作主要的參考資訊，是來自於檔案的目錄清單（inventories）。因此，目錄清單的詳細與否，對於檔案的鑑定和分析工作，有很重要的影響。

4. 設定檔案處理計畫

在分析過文件內容後，再參考公司的行政、會計、財務及法律需求，即可訂下該檔案的處理計畫（records creation plan, RCP）。此計畫即爲檔案的歸檔、儲存、保留、銷毀等過程之準則。

5. 確定檔案銷毀年限

在設定公司檔案的保存期限時，需參考公司行政需要及法律規定。一般趨勢是設爲10年。但對於那些屬於日常性例行業務的檔案，可以在保存2年、3年、或是5年後即可銷毀。檔案的銷毀應定期舉行，最好在每年的年初。爲了確保檔案的機密不外流，在銷毀前，最好先檢查、核對銷毀清單，以確定該銷毀之檔案均已銷毀。

三、傳統的檔案管理應該注意哪些要件

1. 要熟悉主要歸檔的原則和方法

祕書在執行文書檔案整理的過程當中，必須要熟悉自己單位裡面對於歸檔的原則，特別是什麼人、歸到什麼事情和什麼地方，這些都是要能夠確切明白了解的。舉例來說，是中央檔案管理制？還是分儲制？是依照姓名法？還是性質法來排列？哪些資料是開放性檔案？哪些是封閉性檔案？這些都是祕書在作業的時候，需要事前了解的。

2. 要有建檔的基本知識

祕書進入一家公司的時候，必須花幾天的功夫，先把以前所有舊檔案都仔細研讀一次，這樣才知道這個單位裡面所發生的人、事、物都是些什麼？祕書也應該花點時間前往圖書館或是圖書公司，仔細觀摩檔案管理的細節。通常這些地方都是可以學習檔案管理的細節，例如：欄目、歸檔、借閱等。另外可經由前人指點，知道這家公司以前發生了什麼事情？有哪些重要檔案需要特別注意？

3. 要會整理卷宗

文書檔案有許多部分與公文程序有關，每天進出的公文要經過各種不同的手續、簽核、批示、會文、歸檔等，全套作業系統在不同的公司裡面會有不同的方法。祕書在整理卷宗的時候，要按照優先順序排列，對於緊急需要批閱的文件應該加註說明，以明顯的方式讓主管能夠一目了然，很快就可以處理好最緊急的要項。

4. 檔案工具的挑選要適用

檔案管理的成功與否，良好工具的使用占有很大的作用。所謂檔案管理工具，廣義來說，是指檔案櫃、檔案架及檔案夾這類型態的東西，但是放置檔案的空間和地點，其實才是眞正重要的因素。其他細小的東西像是卷宗夾、卷宗架，甚至更小的吊架和迴紋針等，都是檔案存放一段時間後，所可能產生問題的物件。

5. 要適用於公司的文化和作業方式

不同單位、不同屬性的公司，檔案管理會有很大的差異。例如：建築師事務所，必須使用很多的曬圖，這些巨大的圖畫要如何存檔，就與一般的文書檔案不同。再如幼兒園圖書館的書籍和教具，在整理和收存的時候，就需要比較不一樣的登錄方式，因爲幼兒看不懂文字，需要圖示來解說。另外，工廠作業所產生的檔案，就與業務部門所產生的檔案不同。這些都是平時祕書可以注意和學習的地方。

四、電子檔案管理應該注意哪些要件

科技時代來臨，大部分的傳統檔案已經被電子檔案所取代。電子檔案的優點很多，但是在執行電子檔案管理的時候，應該注意以下原則：

1. 完整性（integrity）

指在電子檔案管理流程中，應確保儲存電子檔案之內容、詮釋資料及儲存結構之完整。

2. 眞實性（authenticity）

指可鑑別及確保電子檔案產生、蒐集及修改過程的合法性。

3. 可及性（accessibility）

指藉由電子檔案保存機制，配合法定保存年限，維持電子檔案及其管理系統之可供使用。

當資訊不斷以電子／數位形式這種新的媒體型態產生時，檔案資料如何長期正確的保存？如何將儲存於當代媒體、軟體以及硬體的電子資源，不會因時間的消逝、技術的變遷、媒體品質的衰竭而長久保存到後世，是保存電子檔案最大的挑戰。

五、電子檔案與傳統檔案比較的優勢

- ✧ 攜帶方便，節省空間。
- ✧ 具有被檢索、即時性、安全性、完整性、經濟性以及準確性等特質。
- ✧ 跨越不同語言平臺與字形問題。
- ✧ 可設定使用者權限，清楚依照個人或部門等方式，規劃分類使用者。
- ✧ 資料能夠自動轉換、傳送。
- ✧ 避免重複建檔，節省人工輸入，提升作業效率、降低成本。
- ✧ 查詢資料可顯示文字資料、影像資料或兩者同時顯示。
- ✧ 查詢範圍涵蓋文件群組的各索引欄位，可全欄位中英文全文檢索；或利用全文搜尋引擎功能取得關聯資料。
- ✧ 文件內容可再編輯使用，查詢之文件可上、下翻頁瀏覽。
- ✧ 影像資料可視需要，調整顯示旋轉角度。依最適當高度及寬度，以不同大小比率顯示，可放大或縮小，及調整色階效果。

- ✧ 得以進行稽核，例如：紀錄人員進出系統，資料何時、被誰調閱等，並提供列印功能。
- ✧ 製作及儲存保管成本低廉，可以在低保存成本下有效延長檔案壽命。
- ✧ 可透過網際網路將文件檔案上傳，無地域限制，利用數位化的資訊傳輸速度快（而且傳輸速度有越來越快的趨勢）及不受時間、空間限制的網路優點。任何使用人可以運用快速及便利的資訊工具，獲取完整的檔案資訊。

六、祕書應知的知識管理

1. 掌握客戶名單

祕書的工作當中，經過資料的蒐集，所產生有用的資訊非常多。不僅是建立人脈的基礎，更是幫助主管開發人脈的有利資源。身為祕書應該隨時做到：

- ✧ 在主要客戶每年生日時，打電話祝賀他。
- ✧ 輕易印出上個月新開發的客戶名單標籤。
- ✧ 輕易的印出某產品的可能購買名單。
- ✧ 隨時隨地查出住在某特定地點的所有客戶名單。
- ✧ 可以馬上查出任何一個客戶的電話號碼。
- ✧ 每月寄一份產品相關資訊給所有的客戶。

2. 了解客戶資訊

祕書是掌握資料的最佳來源，但是如何應用與分享這些資料，就是祕書下一步要努力的目標。了解客戶資訊的工作，並不是主管交代才去認真執行，而是隨手就要負責整理的，包括如下：

- ✧ 主要客戶的聯繫電話、地址和網路。

✧ 經常往來重要客戶的生日、家居狀況和喜好。
✧ 重要客戶往來公司的喬遷、週年慶、人事變更。
✧ 節慶贈禮的項目、內容、經手人價格。
✧ 客戶動態、對手商場交易狀況、媒體披露等。

諸如此類的資訊應該隨時提供給主管，作為決策的參考。

七、檔案管理新概念

祕書在整理檔案的過程當中，應該隨時吸收檔案管理新觀念：

1.盡量不用紙張

時間等於空間等於金錢。盡量用資訊作業取代表格、公文、報告，盡可能不再使用紙張，可以用光碟或壓縮性檔案儲存。

2.盡量定期整理

每隔3個月到半年要大清倉一次，以便把平常隨手一塞的東西翻出來，不要的就扔掉，要的就立即歸檔，至少清出五分之一空間，才能「汰舊換新」。

3.盡量單純、制式

無論書信、表單、公文都以最簡單的格式化、制式化來處理，讓所有人填進去的東西越少越好。所經過的層級也不超過三級，以便爭取時效。

4.制定檔案時效

一般檔案分為永久保存、10年保存、3年保存及1年保存4種。辦公室裡80%的檔案都只保存1年即可。財務相關憑證依稅法規定保存7年。法律憑證保存10年或永久保存。一般會議紀錄及計畫書也只要保存3年，所以實在不要等到一個員工辭職或公

司搬家才來整理「遺物」，否則辦公室無疑就是倉庫及家具行的代名詞。

5.善用檔案人才

許多機關行號都會把新進的人員，或即將退休的長者奉爲最佳檔案管理者。這有一個缺點就是，他們可能對組織不夠了解，或者把檔案管理當成一件打發時間的無聊工作處理。其實，已發生的文書資料的確很少人去珍惜，直到有一天想要調卷、調案的時候，才急如星火。有許多老闆在找不到檔案的時候，往往破口大罵。但當用完之後，又來個順手一丟，再也難覓芳蹤了。

6.採用中央管理

Central Filing System就是將組織各種檔案，交由檔案室或資料室共同管理，而非各部門、各單位個人管理。原因是這樣才能有效率的歸類、編案、編目，而非一人一把號，各吹各的調。

7.採用正確分類

有足夠的專業知識，才能正確的選出所需的分類法。例如：使用日期法、地域法、部首法、顏色法，沒有專業檔案管理經驗及訓練，很可能一開始就弄得亂七八糟，之後想要再改，可就不簡單了。

8.善用檔案工具

名片的管理到底是用盒裝呢？活頁呢？還是名片簿儲存？如果使用名片簿，那越來越多要怎麼辦？如果用檔案夾，要用哪一種？用硬殼的還是軟式的？用懸吊式的？還是滾筒式的？

9.注意汰舊換新

這是指要隨時update資料。新的名片來了，須先比對與舊的是否相同。是否要將每張名片註明日期及地點，以便收存整理方便。還有舊的雜誌、過期的報紙，不要堆積如山，浪費空間就是浪費時間。

10. 注意編案編目

如果沒有統一的人員管理檔案，很容易就會產生因爲檔名不同，而讓人找不到的麻煩。現在使用電腦存檔更要注意檔名，因爲換人就永遠找不到檔案的例子比比皆是。

11. 注意存檔方式

如果用電腦儲存檔案，就必須有能夠共同享用的空間。在區域網路裡存查，要有主檔（master file）的觀念。否則每個人都認爲其他人會存檔，而最後刪除了重要的資料，那就欲哭無淚了。

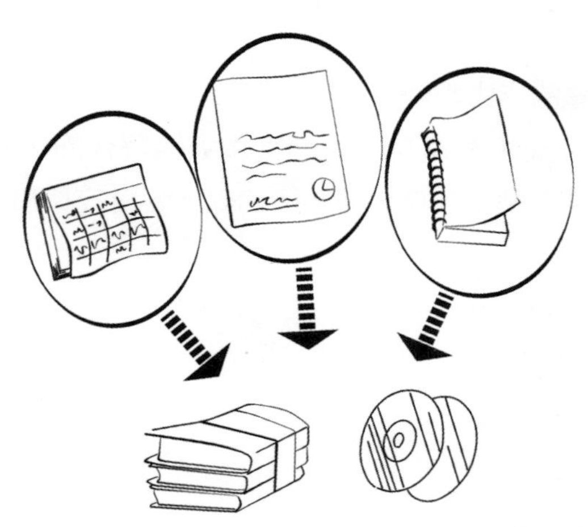

表格、公文、報告盡可能不再使用紙張，可用光碟或壓縮性檔案儲存。

12. 注意調卷、調案

在公家單位上班，你可能注意到，調卷及調案都非常嚴謹。也就是說，公家單位對於檔案的處理十分審慎，想要借閱資料，需要填寫借閱單，要簽名並依時限繳還。一般企業行號比較馬虎，拍拍肩膀就可以借調，借完大家就會忘掉。

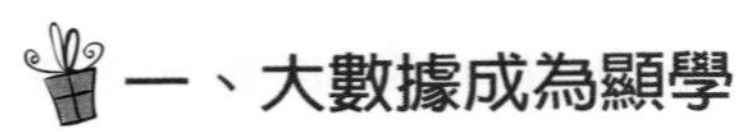

4. 大數據與互聯網+

一、大數據成為顯學

根據2012年網路巨擘思科（Cisco）的一項研究估計，在2016年，全世界的數據流量將達1.3ZB。無論從事哪種行業，這個世界早已變得數據氾濫，而且我們越是使用數據、依賴數據，創造出來的數據就越多。如果公司現在擁有大量的資訊，今天的數據量可能不到2020年時每天固定使用的0.1%。

1. 催生大數據的六大趨勢

克里斯多夫・蘇達克在他的《大數據時代的決勝因素》提到，有六大趨勢驅動著個人與組織的線上資料成長和重要性，這些趨勢有：

- ✧ 行動性
- ✧ 虛擬生活
- ✧ 數位商務
- ✧ 線上娛樂
- ✧ 雲端運算
- ✧ 巨量資料

2. 大數據的定義

基本上，大數據就是應用數學、統計學及科學原理，來詮釋極大量的數據。

3. 大數據的內容

大數據其實包含兩樣東西，第一是聯合分析企業內的結構化數據和非結構化數據；第二是聯合分析內部數據來源及外部數據來源，包括結構化與非結構化，以找出新的見解。

4. 技術榮景週期開端

企業正進入一個技術榮景週期的開端，這個週期需要的是了解並能釐清大量數據的人。統計學和機率是新的搶手語言，因為有越來越多公司試圖將堆積如山的數據投入使用。

5. 大數據人才搶手

這個數據革命有一個結果是可以確定的，精通數據的人才需求，在未來10年將急速成長。

6. 大數據的重要特徵

- ✧ 資料量大：大資料的起始計量單位至少是P（1000個T）、E（100萬個T）或Z（10億個T）。
- ✧ 類型繁多：資料類型繁多，包括網路日誌、音訊、視頻、圖片、地理位置資訊等。多類型的資料對資料的處理能力，提出了更高的要求。
- ✧ 資料價值密度相對較低：資訊海量，但價值密度較低，是大資料時代亟待解決的難題。
- ✧ 處理速度快，時效性要求高：這是大資料對比傳統資料最顯著的特徵。

7. 商業數據變成資產

由於以上的趨勢，辦公室內未來的數據，將是一種資產。

二、互聯網＋時代，萬物都能互聯

1. 什麼是互聯網＋

所謂互聯網+就是指互聯網+各種傳統行業。但這並不是簡單的兩者相加，而是運用資訊通信技術以及互聯網平臺，讓互聯網與傳統行業進行深度結合，創造新的發展生態。

2. 互聯網的創新力量

這種新的社會型態，即充分發揮互聯網在社會資源配置中的優化和集成作用。將互聯網的創新成果，深度融合於經濟、社會各領域之中，提升全社會的創新力和生產力，形成更廣泛的以互聯網爲基礎設施和實現工具的經濟發展新型態。

3. 互聯網＋時代的積極意義

- ✧ 跨界融合：「互聯網+」就是跨界，就是變革，就是開放，就是重塑融合。敢於跨界，創新的基礎就更堅實；融合協同了，群體智慧才會實現，從研發到產業化的路徑才會更垂直。
- ✧ 創新驅動：傳統的資源驅動增長方式難以爲繼，必須轉變向創新驅動發展。用互聯網思維來要求自我改變，更能發揮創新的力量。
- ✧ 重塑結構：資訊革命、全球化、互聯網業已打破了原有的社會結構、經濟結構、地緣結構、文化結構。權力、議事規則、話語權，不斷在發生變化。
- ✧ 尊重人性：人性的光輝是推動科技進步、經濟增長、社會進步、文化繁榮的最根本力量。互聯網的力量之強大，最根本來源是對人性的最大限度的尊重、對人體驗的敬畏、對人的創造性發揮的重視。

✧ 開放生態：讓努力創業者有機會實現價值。

✧ 連接一切：連接是有層次的，可連線性是有差異的。連接的價值是相差很大的，但是連接一切是互聯網+的目標。

4. 互聯網的科技能量

簡單的說，如今的Internet已經不只是瀏覽網站的工具，更是創新和改造企業的工具。如何結合企業的傳統營業模式，運用互聯網的市場傳播優勢，就是未來生存的關鍵。

三、未來辦公室的檔案管理

科技時代產生了巨量的數據，又需要應用互聯網創造企業利基，祕書的檔案管理工作在未來產生幾項顯著的變化。

1. 檔案管理內容改變

祕書的檔案管理工作，不再是執行打字、紀錄、收納、保存這一類傳統的工作，而是監督、配合檔案外包公司處理各種日益紛雜的檔案與數據。未來，企業的檔案管理，將會外包給專業的檔案外包公司，包括檔案諮詢服務、檔案人員外包服務、檔案業務管理流程外包服務、文檔寄存服務、數位化加工服務、數位化檔案管理系統等，都會交給外包公司處理。

2. 外包公司的服務項目

✧ 檔案人員外包、檔案人員外派、檔案室外包、檔案人員駐場、檔案外包。

- ✧ 文檔寄存、檔案託管、檔案保管、檔案管理。
- ✧ 檔案數位化、檔案電子化、檔案數位化加工、檔案電子化加工、檔案數位化加工平臺、檔案電子化加工平臺、紙質檔案電子化。
- ✧ 提供檔案管理軟體、檔案管理系統、數位檔案管理系統。

3. 檔案數位化管理

由於檔案文件將全面數位化，祕書會被要求學習如何處理電子化文件、熟悉網路平臺作業、架設簡單網路平臺、應用各種不同的APP軟體轉化檔案，並且要有統計學的概念，能夠快速跟上大數據時代的海量數據。

4. 善用數據了解市場動向

運用各種數據（傳統檔案）將主管所需要的統計資料，呈送給主管及公司各部門，並透過這些數據資料的存取，加強企業取得市場及客戶動向的第一手資料。

5. 聯繫管理外包作業

祕書將負責外包檔案公司的聯繫、配合，確保外包公司進行行業重複性的非核心業務或核心業務處理的過程中，能夠專業、有效率、準確的完成任務。

6. 機器人將成為幫手

在可預見的未來，機器人將成爲祕書在辦公室得力的助手。

未來機器人將成爲祕書的得力助手。

學習便利貼

大數據時代一切問題來得飛快，去得也飛快。所產生的資料和檔案，絕對不只是傳統檔案數量的千萬分之一。運用這些看似陳舊無用的手邊資料，成為真正的黃金檔案，才是未來檔案學的真諦。

✧所謂「檔案」是指「由某人或某機構在處理業務時所產生或接收的文件，並因其具有持續性價值而被彙集與保存。傳統上，檔案指的是較狹義的說法，是指具有持續性價值的非現行文書」。

✧管理學家謝倫伯格（Schulenburg）認為，檔案具有主要價值與次要價值；而商業檔案，既是檔案的一種，也具有同樣之價值與功能。

✧商業檔案具有時效性和擴展性的功能，現在有用的檔案，

隨著時間的推移，將來有可能無所用處。而現在尚未用上的檔案，將來則有可能有用。

✧只要是企業內發生過的任何實質的歷史資料，都在祕書的管理範圍之內。這些東西小自辦公室的書報雜誌，大至董事會的報告和財務稅務報表，無一不是透過祕書加以分類整理。

✧祕書在郵件分類上面所花費時間，是檔案管理的基本問題。分類整理只要越澈底，將來找到的機會越大，所產生的效率越高。

✧不要放任自己的檔案資料夾越來越多、越來越大，反正現代的處理器很快，就讓郵件資料無限度擴張，這是錯誤的觀念。

✧雲端儲存（線上儲存）或稱雲儲存，是從雲端計算的服務裡面衍生出來的。這是指透過移動通信系統、網路技術和分布式文件系統等功能，將網路中大量各種不同類型的儲存設備，通過應用軟體集合起來，共同對外提供數據儲存和業務訪問的一個系統。

✧許多公司會把大部分的業務外包，只留下關鍵業務讓內部員工操作，像是產品開發、行銷、廣告等業務，也會保留生產這一環，但是其他的業務大多會外包處理。

✧依據各部門而列出相關檔案，有些較小的公司並無部門之編制，可以依照功能別來區分。同一部門或同一功能業務而產生之檔案應放在一起，且應依據其原始順序排列，此即所謂的全宗原則。

✧公共雲端儲存可以劃出一部分用作私有雲端儲存。一個公司可以擁有或控制基礎架構，以及應用部署。私有雲端儲存，可以部署在企業資料中心或相同地點的設施上。私有雲端儲存可以由公司自己的IT部門管理，也可以由服務供應商管理。

✧在設定公司檔案的保存期限時，需參考公司行政需求及法律規定。一般保存期限是設為10年。但對於那些屬於日常性例行業務的檔案，可以在保存2年、3年，或是5年後，即可銷毀。

✧大數據就是應用數學、統計學及科學原理，來詮釋極大量的數據。

✧大數據其實包含兩樣東西，第一是聯合分析企業內的結構化數據和非結構化數據。第二是聯合分析內部數據來源及外部數據來源，包括結構化與非結構化，以找出新的見解。

✧所謂互聯網+就是指：互聯網+各種傳統行業。但這並不是簡單的兩者相加，而是運用資訊通信技術以及互聯網平臺，讓互聯網與傳統行業進行深度結合，創造新的發展生態。

✧祕書將負責外包檔案公司的聯繫、配合，確保外包公司將行業重複性的非核心業務或核心業務進行處理的過程中，能夠專業、有效率、準確的完成任務。

✧在可預見的未來，機器人將成為祕書在辦公室得力的助手。

隨堂小測驗

請找出手邊的五種傳統檔案和五種電子檔案，並說明日常如何歸檔管理？

請說明公司的檔案管理制度是如何設計？有何優缺點？

舉例說明，公司檔案是否曾經遺失或被竊取的經驗？當時是如何處理的。

以傳統名片與電子郵件為例，說明祕書如何管理主管的通訊錄？

06

十倍速競爭力

時間管理

我們提出迥異於一般的時間管理觀念，亦即以自然原則為核心。超越傳統上追求更快、更賣力、更有效率、做更多事的萬靈丹。我們建議的不是換個時鐘，而是提供一個羅盤，因為你走得多是一回事，方向才是最重要的。時鐘代表的是我們的承諾、時間表、目標，也就是我們的做事方法與時間管理。羅盤則代表遠見、價值、原則、信念、良知、方向等，也就是我們的價值觀與生活方式。

～史帝芬・柯維～

前　言

富蘭克林的名言：「時間就是金錢」，一語道破時間的重要性。時間是最不可能替換的資源。隨著時間的流逝，世界改變了一切。企業也隨著時間的沖刷，去蕪存菁。祕書與主管在每天的工作中，最難管理的是時間。時間不可逆轉、不可再生，更無法任意取得。如何掌握這稀有的資源，就是每個人和每個企業的最大難題。當今社會是十倍速時代，瞬息萬變的局勢和情勢，每一分秒都在變化的世代中，如何學習掌握關鍵時機、如何充分運用時間，進一步不讓自己在商場如戰場的情境裡，能夠保持愉悅的身心。在工作中尋找樂趣，在時間短缺的片刻還能做出明智的決定與判斷，就是時間管理的眞諦。

案　例

眼看就要登機，小姚還沒有看到老闆的身影。她不敢再打電話給老闆，知道他正在機場的某一個角落疾步趕過來的途中。20分鐘以前，公司司機已經告訴小姚，老闆進機場了。可是眼看著廣播已經第二次催人，還是沒有看見老闆趕到登機口。是不是中途又接了什麼電話耽誤了行程，小姚簡直急得像是熱鍋上的螞蟻。老闆出差的所有資料都在她手上，如果老闆沒能趕上這班飛機，那就會天下大亂。

1. 她必須立刻找到下一班飛機，並且訂好機票。
2. 通知接機的人員這裡的班機沒有趕上。
3. 通知航空公司她的行李可能會隨這個班機先到目的地。
4. 準備機場的VIP休息室讓老闆找地方休息。
5. 打電話給住宿酒店，通知旅客必須晚到，保留房間。

只是現在，這些都不能做，她需要在最緊要關頭，把老闆找到……

學習直通車

1. 了解什麼是時間管理
2. 祕書如何爲自己和老闆管理好時間
3. 如何用科技工具提高工作效率
4. 何謂第五代時間管理

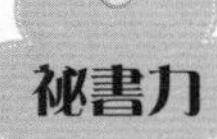

1. 幫老闆做好時間黃金切割

富蘭克林在大廳看到三個工人挑土，發明了經典名言：「時間就是金錢」。意思是說，明明給了三個工人同樣的工資，爲什麼結果大大不同。有人一小時挑了3斗土；有人挑了10石；有人挑了比這兩人還多1倍的土。或許有人會說他們體力不同。但是，富蘭克林認爲，眞正的原因是我們給的工資裡面沒有附帶條款，說明到底要挑多少才能給錢，所以人們就依照這個小時來記算，時間到了就領錢。

一、致富需要效率

華勒斯・華特斯（Wallace D. Wattles）在他的名著《失落的世紀致富經典》（*The Science of Getting Rich*）裡面，提到15個致富的摘要。其中提到一個重要的觀念與時間和效率有關，那就是致富需要效率，而效率就是「行動與心靈力量的結合」。如果效率只是讓老闆拿著鞭子在身後計算到底挑了幾擔土，或是上班每分鐘是否都用在正經事情上面，那麼就算是軍隊般的鋼鐵紀律，也難免沒有嚴絲合縫的地方。效率達成，必須依靠的除了科學工作方法，還要有品德的培養，那就是眞正的敬業精神。

二、每個人效率不同

一項任務交代給基層人員，比方說一個辦公室助理。你會發現即使是小事，也會得到不同的結果。A小姐拿起電話懶洋洋的說：「張經理，下午要開會喔。」B小姐不一樣，正襟危坐很認眞的說：「張經理，下午4點在五樓會議室開會，提醒您別忘了帶明年第一季的預算報告。」這兩種截然不同的態度，當然在老闆支付薪水的時候，不會仔細考量。就算加以考核，也精算不出哪種必須多支付一點工資。

三、老油條心態

如何把效率和績效掛鉤，多年來管理界發明了很多種辦法。不過，上有政策、下有對策。有的員工會說，上面交代的工作不明確，也不公平；重要且有功勞的事情，都沒有分給我處理，所以乾脆就偷雞摸狗，日子反正也就這麼過了，又怎樣？這樣的人多嗎？數據顯示至少有一半是如此，除非自己就是老闆或投資人。否則多數人只要能拿到工作，漸漸的就邁入「老油條」行列，把自己的輕鬆、快樂擺在第一位。效率兩個字，能不提就不提。

四、如何幫助主管，管理好時間

1.別把老闆行程表排太滿

祕書多半要執行行程管理的工作。所謂行程管理，大致上可以分爲幾個範圍：首先是會議的安排工作，其次是訪客接待的工作，最後是差旅的布置工作。

會議的安排有以下幾個重點：

- ✧ 祕書必須準備好自己的會議行程表，或是運用Outlook這類的工具，來記載所有主管的會議。
- ✧ 每天上班以前，祕書應該對於當日的行程表和本週的行程表，做出一份摘要，放在主管的桌上。以便主管能夠核對，提醒他當日的行程。
- ✧ 祕書對於會議管理的工具不僅需要熟練操作，並且對於所登錄的內容必須詳實。特別是時間、地點、聯絡人電

話和主題等，都需要一目了然。

✧ 留意安排會議的原則，祕書安排主管的會議，切忌不要過於滿檔，而沒有可以周旋的時間。對於所需要的會議時間，應該事前請示主管，應酬時間的長短，也應該計入會議安排的原則。對於會議的安排是否確定，應該事先取得主管同意才能安排，對於客戶方面的確認，也應該做臨行最後的確認。第一次前往的地方，應該準備地圖和停車位置建議。如果是重要主管前往，應該通知對方及時接待。

2. 出差行程表

主管出差時的行程表，安排比較複雜，應該考慮的因素至少有下列項目：

✧ 選擇適合之旅行社
✧ 預先訂位（飛機、旅館、地面交通工具）
✧ 機票的種類、有效期與票價計算
✧ 航空公司訂位系統、行李限制及機場手續
✧ 出國注意事項
✧ 客戶的聯絡人地址
✧ 外幣、護照、簽證
✧ 旅程表

3. 訪客和會議時間的控制

訪客和會議時間經常會逾時，基本上很難控制。但這一部分並不算是非自主時間，還是可以想辦法幫忙提醒時間，例如：

✧ 在會議室門口掛上牌子，提醒其他訪客不得進入。會議進行不被中斷或是被干擾，就可掌握會議時間。
✧ 訪客進門之前寒暄過程中，可以給訪客或者主管明確的

幫主管安排出差、開會等行程。

時間。例如：下一個訪客將要來臨的時候，或者是這個訪客大概可以占用多少時間。

- ✧ 如果是會議進行中，在議程表裡面應該寫明每個討論預定是多少時間，主席必須控制會議進行。祕書可以利用計時器或者中間倒茶水的時間，協助主席提醒時間。也可以利用傳紙條的方式，提醒主席會議進行的時間。
- ✧ 設置時間鬧鈴，提醒時間到了。有些主管很重視時間的安排，所以會將手錶或者時鐘設定好，隨時提醒自己時間。例如：整點報時就是一個好主意。可以在辦公室裡的時鐘設定，或是在主管的手錶設定。任何人在工作很投入的時候，都會不自主的沉浸在工作裡面，而忘記了時間，祕書的責任是能夠控制時間和提醒時間。
- ✧ 做好決策建議，減輕主管負擔。祕書是決策者的守門人，是個幕僚性的角色。做好決策者所需要的資訊蒐集

與整理，並且適時的提出建議，讓主管在做決定的時候，能夠不花太多心思，就知道如何下判斷，達到減少許多不斷諮詢或者思考的時間。通常主管下決定的主要依據，都是要等到各種資訊都蒐集完備，才可以迅速提出結論，如果祕書已經做好這一層工作，可大大節省主管的時間。

2. 如何成為時間管理高手

一、善用科技工具

有許多時候，時間的浪費根本不是人的問題，而是所用的工具不對。善用好的工具對祕書來說，是極其重要的。這些工具並不一定要花錢去買，而是確實知道如何去應用。有用的工具可以分成三大類：

第一種，是運用網路上所產生的工具，也就是有用的資訊或是軟體，這些可以隨時蒐集，或者去學習。

第二種，由祕書利用時間自己製作的工具，例如：時間表、留言條、會議檢索等。這些可以幫助祕書歸結問題，不只是靠自己憑空想像。

第三種，是應用工具類的科技產品，可以完全將自己工作的速度提升。例如：網路的上傳下載速度、運用智慧型手機與電腦連線、即時通訊系統、好的防火牆防止垃圾郵件，整理不用的文件，提升電腦處理的速度，這些都可以增加效率的方法。

二、如何為自己設定時間底限

1.清楚了解工作何時必須完成

最好有一張待辦清單（to do list）放在手邊，把該做而未完成的工作做標示，優先處理重要、有時效性的工作，養成準時「截稿」的習慣。把工作分類處理是很重要的觀念，想做的事情與必須做的事情不一樣。主管交代的事情，往往都是輕描淡寫的告訴祕書要去做，很少告訴祕書何時才是最後的期限，祕書必須大膽假設，小心求證。要知道主管心中那一把尺，小心衡量事情輕重緩急，切勿耽誤主管交辦事項。

2.清楚知道主管最希望工作何時完成

許多時候主管的模糊對應，讓祕書摸不著頭緒，到底什麼時間完成會最好。祕書在這個節骨眼上要抓緊問題，釐清主管最希望的完成時間是何時？如果他不說或者說不出來，祕書必須主動把完成的期限定出來，並且請示主管是否可行。雙方有了既定的默契，事情就可以按表操課來完成。

3.清楚衡量自己工作所需時間

在答應主管掌握時間之前，先衡量自己是否真的明確說出自己所需要的時間。衡量時間很不容易，例如：一份報告也許答應3天可以寫好，但是往往中間又有許多插隊的事情要處理，讓事情不能如期完成。因此，正確無誤算好自己所需要的時間，以及所可以有的彈性時間，才是掌握時間的不二法門。

三、如何製作一份自己的待辦清單

- ✧ 拿出一張不用的紙，寫下尚未完成的所有事情。
- ✧ 再拿第二張紙，把第一張紙上的工作排好優先順序。

✧ 最後再拿出第三張紙，依照排好的順序，抄好且放在桌面上。

從任務性質而言，助理及祕書主要是搭配主管的工作。在角色扮演上，要襄助並配合主角的演出，因此較缺乏時間的主控性。由於角色任務的關係，對於工作時間的啓動到結束的長度，雖然無法自主決定，但安排過程和掌控進度，卻可適時從旁提醒，讓主管隨時都能了解和掌握全局與進度。每一項工作都有其應承擔的任務，這項職務雖然掌握不了始末，卻可以有效地安排管理過程。

列出一張工作表，排好優先順序，妥善安排工作時間。

四、如何幫助自己管理好時間

1. 盡量提早上班，延後下班

祕書這份職務舉世都是一樣，必須在主管還未進辦公室以前就先到一步，並且等到主管下班之後，再收拾回家。加班永遠是難免的，特別在這個行動辦公室的時代，必須不分時地的隨時待命（stand-by）。如果能夠早點到、晚點走，就可以將主管上班需要的資料都事前準備妥當。把當日的行程全部過濾一遍，可減少上班時間內主管催促、叮嚀的壓力。或許祕書會認爲這是占用私人時間。其實在擔任祕書工作的同時，就要認清這種工作與其他工作的工時是不相同的。

2. 絕對先想好再做，不是先做好再想

祕書必須學會有計畫的工作。所謂想好再做，就是要先在自己的心裡想一次，這件事情應該如何進行才會最恰當，然後才著手進行。如果每件事情都只是聽到指示就立刻執行，或許才剛開始做，主管又改變了想法，這麼一來可能就白做了。當然並不是請祕書每件事情都等等看，看主管決定之後才做，而是要確認做事的程序和方法，是不是眞的很正確，才能做到謀定而後動。

3. 學習優先順序，溝通主管的排序

優先順序必須要澈底了解和練習。例如：第一優先是指重要又緊急的事情，而主管的命令就是第一優先。先有優先順序的概念，分清楚何者爲重要？何者爲緊急？如果分不出來，可請示主管何時是最後時間底限，以便知道如何因應。何謂最後底限？這就是柏金森定律，時間往往用來填滿工作，而不是工作填滿時間，時間和空間都是成本。除非我們了解何者爲最後底限，否則永遠沉溺在眼前的時間漩渦裡面。

4. 快速正確傳達主管的指令

正確且快速傳達並不容易。有的祕書很會講話，可以把主管的話過濾一次，變成自己的感覺，然後再傳達出去。但有的祕書

完全沒有這種能力，花費很多的口舌，不但說不清楚主管的意思，還常常會把上下關係都給得罪。祕書每天要透過電話或是面對面的溝通，爲主管傳達許多事情，如何能夠清晰有條理的快速傳達主管的意思，也是祕書工作的一大挑戰。

5.充分利用零碎時間

祕書的代名詞就是「忙忙忙」。沒有時間吃飯，也沒有時間上廁所的祕書比比皆是。如何擠出一點時間，來辦完所有手上的事情呢？充分利用零碎時間是妙招。有許多零星的事情，都要靠零星的時間來處理，這些事情可能有：把老闆今天給你的名片key in進去；昨天的會議紀錄修飾一下；核對一下本月分的出席名單……還有主管的行事曆要即時更新，很多諸如此類的事情都得利用零碎時間處理。這些零碎時間大致有：

✧ 等的時間

等吃飯、等主管批閱、等開會、等電話、等電腦開機，只要是等，就是零碎時間。

✧ 銜接時間

這件事和那件事之間的時間、這個人和那個人溝通的時間、這個會議和下個會議的銜接時間。

✧ 主管不在的時間

主管出去開會、主管出差、主管晚一點才進公司、主管有訪客，都可以有些零碎時間。

平時要把一些零星小事放在一個檔案夾裡面，遇到有零碎時間，就可以隨時開始、隨時結束。

3. 避免浪費時間的訣竅

一、懂得拒絕

How to say NO！如何拒絕？為什麼要拒絕？因為許多事情，一旦成自然就是習慣，而習慣就造成了命運。在日常工作中也是一樣，有相當多的工作是沒有法律界限的；或者，工作範圍不明顯的瑣事，常因為某人代理處理久而久之，成了代理一方的工作。所以工作必須清楚界定，瑣事也要用輪替的方式進行。

二、拒絕的步驟

1. 耐心聆聽

如果對方還沒講完、講夠，你就打斷，那會拖更長的時間溝通。

2. 告訴對方等待的時間

你可以明確的告知對方，將在何時做決定，請他屆時再來找你。

3. 態度懇切

不要閃爍其詞，或者拖拖拉拉，使別人不知所措，或是誤以為有其他的想法沒說出來。

4. 告知理由

明確告知對方拒絕的理由，讓其有所了解。

5. 提供替代方案

可以提供對方其他替代方案，藉此轉移目標。

6. 親自處理

拒絕對方時，應該親自出面說明、處理，讓對方了解你拒絕的理由。

7. 拒絕事非、拒絕人

中國人愛面子，被拒絕後會感到不好意思，甚至惱羞成怒，應謹慎處理。

三、如何避免干擾

每個祕書都會發現，干擾確實存在而且造成困擾。例如：正在接聽電話的時候，客人進來了；正在和客人寒暄的時候，電話又響個不停。每件事情似乎只能做到一半，另外那一半總是沒機會一氣呵成。因此，可把握以下幾個要項：

✧ 老闆很忙的時候，就是祕書最能發揮功能的時候。首先，可以做好分類，把最急的放在眼睛看得到的地方，寫一張字條提醒老闆先做這個。

✧ 其次，幫老闆把可以做的事都先做好。例如：需要的工具和資料。盡量讓老闆有周詳的答案可以參考，而非到了要做決策的時候才找資料。

✧ 還有，將工作環境整理得有條不紊，有空間才有時間。

四、充分授權

老闆太忙的原因，也可能是因為沒有好的副手，可以充分授權幫他處理某些決定。當老闆的第一要件就是，選定最好的人為左右手。公文要充分授權，除了重大人事和策略行動，其他例行性公事都不必親閱。

五、日常瑣事

一般耗費時間的事情多半是開會、接待客戶、批閱公文。在會議時嚴格遵守時間，沒有必要的會議不必親自主持，開會地點要選在最近的地方。客戶約在靠近中午，可以邊吃邊談。地點近，避免耗時往來。如果沒有衝突，幾組客人一起談，也可以讓公司相關主管一起聽，避免交代第二次。

六、主管個性

老闆重視細節，就是「讀」型老闆。「讀」型老闆和「聽」型老闆不同，喜歡看文字、注重資訊資料、看報告。所以，要用書面而非口頭請示。細節型老闆做事周詳，祕書須多準備他可能會看的資料，寧多勿缺。這類型的老闆對結果反而不能掌握關鍵，祕書要適時提醒。此外，細節型老闆可能是沒有安全感，凡事綁在身上，無法充分授權而疲於奔命。如果是本性，那就很難改，除非受到了嚴厲的衝擊，如成敗存亡的考驗，或大病痊癒後才豁然開悟。工作中的夥伴否能成爲最佳拍檔，就要看是否投緣和互補性。所謂當局者迷、旁觀者清，當觀察到老闆有拖延的毛病，就需先用心整理、歸類資料給他，有順序與時效之分，以降低因拖延而對效率有不良影響。

七、溝通協調的技巧

祕書如何運用更好的溝通能力處理工作，平常訓練最需要注意以下幾點：

1. 懂得察言觀色

祕書好像是氣象局，能夠知道今天辦公室的氣候如何？也就是氣氛如何。如果不能有觀察力，祕書很容易給人不夠靈活、手

腳不伶俐的感覺。溝通必須要一來一往，這種互動就是良好的默契。

2.知道說話的時機

不是每個主管都喜歡聽祕書講話，特別當他正在思索或是忙碌的時候，無謂的打攪是不恰當的。何時才是最佳建言時機呢？祕書要好好研究主管做事的習慣與個性，把工作報告彙總一下，言簡意賅的說明重點，培養說話的言詞，就可以適切的溝通與報告。

3.說話要有分寸

祕書的報告應該條理分明，重要的先說明。報告時口齒清晰、說話有重點，避免加油添醋的說明，浪費主管的時間。

八、團隊建設

1.紀律規範

企業各部門堅持本位的情形時有所聞，連公司各個祕書也會比來比去，步調不一致。有的公司由祕書處或是行政中心統籌管理，有的公司則採機動性的協調方式處理，方法不一。遇見比較嚴重的差異性，可能要請主管將事權統一，窗口單一，然後設立標準和制度，或工作規範與守則。有些規定可以非常詳細，例如：祕書必須要求通過證照考試，對於資格就有一定的認定；又如工作時間的仔細要求，對每件事都如此，久而久之，就會有好的紀律了。

2.溝通互動

部門別雖然是一種分工，然而，公司營運的終極表現，還是要整合所有部門的成效，才算得上完整的呈現。因此，團隊分工之後的整合協調，非常的重要。平常有賴於部門間的溝通互動、上級主管定期性的部門協調會議，也可以在平時就彼此合作搭配，以及建立彈性調整機制，有助於解決問題和分工合作的共識。

3. 目標一致

部門步調不一，最大的障礙來自於本位和失衡的現象。各部門平時都有常態的工作量，突發緊急任務的負荷，將會衝擊到原來的工作進度。適當的給予支援或調整，才是根本之道。唯有各部門能夠認同共同目標，配合調整，全力以赴，才有圓滿達成任務的可能。

4. C型經驗與巔峰效率

一、為什麼工作永遠做不完

工作只是暫時性、階段性的完成，仍會有新的工作、新的任務要完成。工作和時間都會不斷的延伸，所以除非自己停止，否則是永不休止的。工作令人陶醉固然很好，表示你的興趣能與工作結合，可是工作過勞，只會有負面的工作效率，不會有更好的收穫。

二、始終維持高效率

祕書如果接受一定的訓練，了解工作的優先順序、輕重緩急，並且和時程安排結合，就可以達到比較高的效率。效率還包括比較好的創意思考，找到更好的方法來解決問題。例如：電話管理，要比電話技巧和電話禮貌更重要，達到完整的管理和禮

貌，才叫做電話接、撥有效率。這樣的訓練必須持之以恆，而且要分爲各種不同的階段，以便能達到高效能。

三、80/20原理

1. 重要少數vs.瑣碎多數

80/20原理是義大利經濟學和社會學家弗烈度巴瑞多（Vilfredo Pareto）所提出的，所以又叫做巴瑞多原理。弗烈度巴瑞多在22歲的時候就是羅馬著名的工程師，在1874-1880年間，寫了不少有關土木工程及經濟相關的文章。終其一生巴瑞多都企圖以數學的原理來解釋經濟及社會現象，80/20原理就是數學中的「重要少數與瑣碎多數原理」，被後來的時間管理學者在優先順序的程度上，廣泛的運用。

2. 鎖定重點、控制全局

巴瑞多原理主要的內容是說，在任何團體中，比較有意義或比較重要的分子，通常只占少數。而不重要的分子，則占多數。換言之，任何一組物件或任何一個團體中，都有不可或缺的「少數」，以及「可有可無的多數」。只要能控制具有重要性的少數分子，就能控制全局。

3. 80與20的結構組合

這項原理是當今管理學界所通稱的80/20原理——即80%的價值是來自20%的因子；20%的價值則是來自其餘80%的因子。例如：

- ✧ 80%的意見都是由20%的人所發表。
- ✧ 80%的銷售額都是由20%的顧客而來。
- ✧ 80%的檔案使用量集中於其中的20%。

✧ 80%的看電視時間都是在看20%的節目。

✧ 80%的看報紙時間都花在20%的版面。

4. 找出關鍵少數

巴瑞多原理說明的是，任何事情的處理，都要找出關鍵，也就是何者爲20。我們在面對困難的工作中，都會挑其中簡單的開始，而把最困難的無限期拖下去。祕書要避免這樣的迷思，凡事要從困難的先著手。

5. 完成關鍵工作

80/20原理說明，最讓我們受益的工作，可能只有兩三項而已。因此在衆多的事務中，挑出最重要的兩三項，排到特定的時間，逐一加以完成，而不要自責尚未完成所有的工作。因爲選定的部分如果眞的是關鍵重點所在，那也就能讓你的工作獲得最大的利益。

6. 排定工作表配置

面對多項工作而難以取捨時，最好緊守80/20原理，找出眞正重要的20%，就能避免誤用精力於次要的80%，永遠記得下面的公式：

✧ 80%的時間→產生→20%的成效

✧ 20%的時間→產生→80%的成效

7. 找出工作中的20

祕書的80/20在哪裡呢？祕書時常誤解主管的工作都是重要的20，而自己的工作不過是瑣碎的80，這就曲解了80/20的意義。所謂80/20，是指每個人的工作中都有80/20，不能因爲自己工作崗位的不同而有所差異。例如：接撥電話的過程當中，人、事、時、地、物就是關鍵，必須要當作20。而其他寒暄客套的話，就是80。

四、掌握優先順序

正確的優先順序，通常以重要而且緊急爲第一；重要但不緊急的爲其次；緊急而不重要的居第三；不重要而且不緊急的，排在最後。

1. 第一優先的管理，又稱為危機管理

這一部分的工作大約占所有事情的3～5%，可以說是去而不回的事情。這一類的事務包括有重大的危機、有限期的壓力，還有公司面臨罷工或倒閉，以及重大決策的關鍵。在祕書的日常工作當中，主管臨時交辦的任務須視爲第一優先，例如：臨危授命的專案項目。

2. 第二優先的管理，可稱為未來的管理

這一部分的工作大約占所有事情的7～10%，可以說是找未來有可能性的；或是說未來會發生而且影響現在，現在發生會影響到未來的事務。這一類的事務包括有未來發展、行銷、生涯規劃、人際關係、客戶維繫、溝通與協調、休閒等。這也是人生最容易被忽略，但卻最重要的一個部分。祕書的第二優先管理是維繫好客戶關係，做事要有規劃，例如：主管的行程安排就是第二優先管理，可以先做個checklist。另外，大量的溝通協調工作，都是重要不緊急的。

3. 第三優先的管理，是指經常性事務的管理

這一部分的工作大約占所有事情的50%，每天上班都有一半的時間在做經常性的事情，例如：開會、接電話、聯絡、寫報告等。祕書的雜事尤其多。特別是文字整理與資料整理，都屬於這一類的工作。

4. 第四優先的管理，則是指例行性事務

這與第三項很相似，但是指每天都會發生的，占了30%，好比開機、關機、刷卡、列印、吃飯、上廁所等。無論如何都要做的事情，例如：名片要隨時key in、要收發郵件等。祕書在工作當中，不要認爲自己所做的都是瑣碎而經常的事，事實上，每個人工作中都有瑣碎和重要的，只是大家分不出來而已。同一個時間如果出現各種狀況，好比主管找你，而你正在打電話；正要去會議室，而客人來了，這些事情都依賴祕書事前把優先順序排定，就不會雜亂沒有秩序。

5. 優先順序的占比

仔細看就會理解，第三優先和第四優先占了80%的時間，而第一優先和第二優先則分配到20%的時間，這就是所謂的80/20原理了。在每天衆多的事務中，確切訓練祕書儘早了解孰重孰輕，需要主管不時的教導和指示。

五、C型經驗

1. 三個C的組合

- ✧ 第一個C是指confidence（有信心）
- ✧ 第二個C是指commitment（有毅力）
- ✧ 第三個C是指control（能完全掌控）

也就是當我們學習巔峰效率的時候，會有一種和諧圓滿的感覺，就好比一場音樂會，每個樂手在指揮棒下表演得無懈可擊。又譬如參加演講比賽，在短短10分鐘裡面，可以表現出10個月的練習成果。

2. C型經驗的特徵

可以使用下列的6項指標，來驗證是否有過C型經驗：

✧ 感覺很超越（transcendent）：因為已經達到以往沒有的巔峰，故而能夠讓自己有自我超越的感覺。

✧ 感覺很自在（effortless）：因為已經熟能生巧，所以沒有很費力的感覺，很輕鬆的就達到目的。

✧ 感覺很肯定（positive）：有積極進取的信心，對自己有正面的看法，而不是凡事都否定自己。

✧ 感覺很自然（spontaneous）：沒有做作的痕跡，彷彿這件事情必然就應該這樣去完成它。

✧ 感覺很集中（focused）：能夠全神貫注的完成這件事情，而非總是分散注意力。

✧ 感覺有活力（vital）：能夠很有力量、充滿幹勁的完成這件事，不會有壓力、勉強或是疲憊。

C型經驗的特徵是擁有3個C的組合，有信心、毅力、完全掌控，做事時產生圓滿和諧的感覺。

六、巔峰效率

1. 學習做事方法

所謂巔峰效率就是最高效率（top performance）。如果剛開始的打字速度是每分鐘80個字，後來變成120個字，這可能就是技能上的巔峰效率。高效率可以應用管理的辦法不斷的修正與磨練，最後就成爲巔峰效率。祕書想要培養巔峰效率，必須增加自己對做事方法的學習。

2. 追求正確結果

工作效率講求的是速度和時間的效果，但是有一個前提，就是要達到正確、沒有缺失的結果。否則趕工出來的成果，無法派上用場，反而是一種浪費。

3. 重視速度、時效

有些人以爲追求完美比效率重要，但也不能忽略了速度與時效性。完美的作品通常有一些必備的條件，如專業技術、人力、設備，以及製作的過程。技術可以要求或培養，人力、設備可以增加，但過程恐怕無法省略。有些瓶頸可以疏通，但也有些狀況會受到限制。

4. 協力解決瓶頸

當設定的目標讓當事者感到無法達成時，應該耐心面對探討瓶頸，共同尋求疏通解決之道。這種溝通互動，才是解決問題應有的態度。

5. 團隊完美合作

巔峰效率的達成，需要每個人的自我管理，並且團隊合作無間，才可能眞正的達到最完美的結合。一旦達到如此完美的結合

之後，效率就不會往下拉，會一直保持下去。

6. 接受效率訓練

無論是擔任祕書或者是擔任行政工作，高效率和巔峰效率都是訓練出來的。如何讓自己成爲效率專家，就端看個人的努力了。

七、阻礙效率的十大殺手

許多人並不喜歡蹉跎歲月，過著忙碌無目的的生活。可是除了忙還是忙，一天過一天、一年過一年，上班下班，日子就這麼過去。擔任祕書工作更容易發現自己，老是沒有成就感的忙著。找不到可以提高效率的方法，因此讓自己的效率越來越低落，變得很無奈。其實，阻礙效率的原因不會超過以下幾種。

1. 沒有時間觀念

所謂沒有時間觀念，不僅僅是準時而已。是指對於時間的需求，開始和結束，沒有精確的概念。例如：主管交代下午3點要開會，祕書看看手錶，現在才上午10點，還早嘛！這就是時間觀念不明確的了解，因此很容易一開始就想到最後。反正離下午3點，還有5個小時，不急。時間的正確觀念是要有規劃、有精確的計算，還要衡量中間可能的意外因素。

有些人明明在做這件事，腦子裡面卻想著另一件事，這也是沒有時間觀念。例如：同樣一群學生在教室聽老師上課，有的人專心聆聽、有的人在發呆、有的人從頭到尾都在睡覺，這也是沒有時間觀念。因爲時間不是別人的，完全是自己的，如果不能充分專注一件事情，就是沒有時間觀念。

2. 干擾太多，有後顧之憂

前面提到過，這是祕書最大的困擾。但是干擾從何處來？可以分成三個方面來說：

- ✧ 干擾是從主管而來：祕書經常抱怨，才剛剛寫好的稿子，主管馬上就變了，要改。往往還不只如此，是改了又改，造成一件事情，往往沒完沒了。
- ✧ 干擾是從同事而來：祕書經常接到很多不該自己做的事情，都是同事們的請託，可是卻不好意思拒絕，因此耽誤了自己手邊的事情。這些干擾永遠存在。
- ✧ 干擾是從自己而來：祕書也有自己的私事，情緒很亂的時候，就不能有效率的工作。這樣的情緒變化，又不能很快的恢復正常，因此會造成時間的延誤。

3. 做事方法不對，壞習慣太多

習慣成自然，自然成命運。祕書如果固執己見，永遠遵循同一個模式工作，就叫做不知長進。例如：接電話，盡量用左手拿電話，以便右手可以寫字。但很多人會說，左邊聽不清楚，其實這就是習慣的問題。接撥電話還是小事，其他不知改進的事情可能還多得很。如何日新又新，找到更新的方法來處理手邊的事務，就是祕書要學習的功課。

4. 沒有好的工具，懶得學習

沒有好的工具，也是一個重要的原因。例如：公司的電腦速度很慢，無法改善；自己的key in速度很慢，也是一個問題。有很多祕書到現在還不會用Outlook這麼好的工具，這也是一個例子。原因是什麼呢？沒有時間學？反正也沒用？這些都是標準答案。工欲善其事，必先利其器。有良好的工具，就可以讓自己習慣在有效率的模式下生活，這是極為重要的觀念。

5. 不懂得拒絕，不好意思

這當然是祕書的致命傷。許多人都會發現，原來不屬於自己的事情，現在越來越多了。這是爲什麼呢？因爲不懂得拒絕，所以不好意思一直做了下去。結果是什麼？自己本來該做的事情，反而被耽擱沒有時間去做。拒絕有5個步驟，分別是：

第一，仔細聆聽

第二，告訴對方考慮的時間

第三，告訴對方爲什麼原因

第四，找個替代方法

第五，很認眞、很委婉的拒絕

拒絕對方除了須自己親自處理外，應該善用技巧回絕，千萬別傷害對方的自尊。

練好說寫等基本功，學習現代化的科技工具，提升效率。

6. 基本功不夠，說寫能力太差

祕書的基本功就是說和寫的能力，這是溝通的工具。不擅長言詞和口才，絕對是個缺點而不是優點。而口才的培養，也絕非是一朝一夕的事情，必須仰賴自己點點滴滴的觀察與磨練。寫的能力可就更難了。平時練習寫報告和紀錄，是很好的開始。不要嫌麻煩，多多找人修改你的文字，久而久之就會進步。

7. 溝通能力不好，協調欠佳

這是個大問題，說話說不清楚還好，得罪人就麻煩了。溝通不好原因很多，最大的原因還是態度欠佳，沒有服務的心態。有的祕書根本不明白，自己張口、閉口就會得罪人，還會拿著雞毛當令箭，自命不凡。溝通是祕書成敗的關鍵，主管評鑑祕書往往都是以溝通能力來當作標準，身爲祕書不可不慎。

8. 外在環境不能配合

祕書工作沒有效率，除了個人因素外，外在環境不能配合也是影響因素之一。例如：工作環境太差、太吵，無法專心上班；辦公設備不足，導致工作成效不彰等。

9. 技能不足，不肯學習

所謂技能大致可分爲兩類，第一是溝通能力，第二是管理能力。祕書必須秉持活到老、學到老的概念，不斷增加自己的工作技能。平時在工作中累積經驗，同時也要多多向同事、長官學習更好的方法和觀念。只要肯把心情放鬆，就會有源源不斷的智慧。

10. 觀念守舊，資訊趕不上時代要求

這是最糟糕的。如果一個人的觀念始終停留在固定年代，就很難有創新。創新是生存的唯一法則，即使是祕書也是一樣。不

能努力向前求取新知，就會被時代的洪流所掩蓋而不自知。

八、與時間賽跑

1.妥適配置

時間運轉速度雖固定，但永不停歇。人的體能對工作的投入，有強度與長度之分，而且需要調息，以獲得新能量。只以時間做考量，不停歇的投入，體力一定會消耗殆盡，成果有限。只有靠自知之明，隨時隨地保持最佳狀態，作有效的發揮，才有致勝的機會。祕書工作時間長、壓力大，甚至與時間賽跑。因此，應妥適配置時間，工作、休閒與休息各占三分之一。別以爲休息、睡覺是浪費時間，其實它是調息新的能量，日後再藉助這些新的能量，得到有效的創意。

2.提高效率

維持最佳狀態的體能與腦力，道理是一樣的。讓一個傑出的運動選手不斷操練，甚至捨棄休息，哪來衝鋒陷陣的體能？用腦力的人不休息，有可能不斷產生敏捷的思緒嗎？每個人都在與時間競走，只是有些人不覺察而已。感覺與時間競走的人，會將時間分配得當，會很有效率，會先思考再做，以免做錯更浪費時間。這樣的人很珍惜時間，覺得時間太少，非常可貴。他會運用有限的時間，進行有意義的事，絕不浪費在無意義的思考上。

學習便利貼

✧祕書與主管在每天的工作中，最難管理的是時間。

✧致富需要效率，效率就是「行動與心靈力量的結合」。

✧祕書必須準備好自己的會議行程表，或是運用Outlook這類的工具，來記載所有主管的會議。

✧訪客和會議經常會逾時，基本上很難控制。但此部分並不算是非自主時間，還是可以想辦法幫忙提醒時間。

✧有用的科技工具可以分成三大類，祕書可用來幫助管理時間。

✧祕書必須學會有計畫的思考。所謂想好再做，就是先在自己的心裡想一次，這件事情應該如何進行才會最恰當，然後再著手去做。

✧平時要把一些零星小事放在一個檔案夾裡面，遇到有零碎時間就可以隨時開始、隨時結束。

✧祕書好像氣象局，能夠知道今天辦公室氣候如何？也就是氣氛如何？如果不能有觀察力，祕書很容易讓人有不夠靈活、手腳不伶俐的感覺。

✧80/20原理就是數學中的「重要少數與瑣碎多數原理」，被後來的時間管理學者在優先順序的程度上廣泛的運用。

✧巴瑞多原理說明的是，任何事情的處理，都要找出關鍵，也就是何者為20。常常我們在面對困難的工作中，都會挑其中簡單的開始，而把最困難的無限期拖延下去。

✧當我們學習巔峰效率的時候，會有一種和諧圓滿的感覺。就好比一場音樂會，每個樂手在指揮棒下表演得無懈可擊。又譬如參加演講比賽，在短短10分鐘裡面，可以表現出10個月的練習成果。

✧高效率可以應用管理的辦法，不斷的修正與磨練，最後就成為巔峰效率。祕書想要培養巔峰效率，必須多學習做事方法。

✧只以時間做考量，不停歇的投入，體力一定會消耗殆盡，成果有限。只有靠自知之明，隨時隨地保持最佳狀態，作

有效的發揮，才有致勝的機會。

隨堂小測驗

請拿出一張週計畫表，認真計算一下，每天上班當中，到底時間花在哪裡？下班後這一個禮拜，你又加班了多長時間（包括週末）？

澈底了解優先順序的排列方法，找出在辦公室哪些工作是第一優先、第二優先、第三優先與第四優先。

從現在開始把每天所做的工作用待辦清單記載下來，並且按照優先順序排列。

盤點一下，你都用哪些工具或APP幫助自己管理時間？

07

捍衛企業門面

形象管理

美麗經濟學（pulchronomics）闡明了運用非常簡單的經濟理論，來理解曾經用其他方式研究的現象，能夠發揮多麼大的力量。那股力量，以及世界各地人們投入在美麗的時間和金錢，還有人類對美麗的著迷程度，都使我們有極充分的理由從經濟觀點來思考美麗。

～丹尼爾・漢默許（Daniel S. Hamermesh）～

前　言

20年前的祕書招聘廣告上，總是要有這麼一條要求：大方得體；現代企業的祕書廣告如果還寫這一條，恐怕人家會誤認這個公司是招考公關專員。祕書要不要美麗大方，是個見仁見智的問題。但是注重形象，講求職業道德，恐怕是每個企業要求祕書的不二法則。個人形象與企業形象必須有相當程度的相近。個人形象除了懂得禮儀之外，祕書還需要有深厚的內涵和文化修養。有團隊合作的精神與穩定端莊的態度，這些都是在從事祕書工作之後，慢慢累積和學習得來的，絕非一蹴可幾。形象就是印象。企業文化給社會與客戶留下深刻的印象。而每個形成印象的背後，就是靠全體員工的努力不懈。祕書是打開企業的第一扇窗，也是企業的名片與絕佳的形象大使。

案　例

離上班只剩下不到1個小時，小姚還在攬鏡自照，爲了今天該穿什麼而左右爲難，原因是：

1. 今天上午有一位美國商會的重要客戶來訪。
2. 中午午餐老闆要和她一起去一個五星級飯店餐會。
3. 下午2點半有一個公司內部的高級主管會報，她要擔任紀錄。
4. 下午4點半有一個跨部門的專案協調會議。
5. 晚上7點她要去參加一個大學時代的同學會。
6. 晚上9點還有一群好朋友等她參加生日派對。

有這麼多的活動，但是卻不可能中途回家換衣服，該怎麼穿著才能面面俱到呢？

學習直通車

1. 如何保持良好的工作形象
2. 祕書的穿著準則
3. 工作態度與工作禮儀
4. 接待服務的工作要領

1. 打造現代化的祕書形象

祕書應該有怎樣的形象？相信大家都會有公認的角度。祕書是決策者的守門人，是公司和主管的門面，所以祕書的外在形象必須符合專業但保守的穿著，以及優雅的舉止和態度，這是無庸置疑的。

一、工作角色的改變

在傳統和現代之間，祕書的角色已經有很大的轉變，以下是兩者的相關對比：

祕書的傳統角色	祕書的現代角色
office service girl	office manager
goal/gate keeper	information officer
messenger	communicator
boss is a king	boss is a team worker
ready to take orders	ready to make suggestions
male/female problems	neutral voice
handful	skillful
conservative	aggressive
feminine in marriage and love	balance life
steady	flexible

因而，這樣的角色會使得企業祕書的形象，更具現代化的色彩。

二、個人形象品牌

形象的樹立有助提升個人競爭力，良好的形象同時也能爲個人創造獨一無二的品牌。一位受人歡迎的祕書，除了要具備各種專業職能，還要能夠擁有現代化的形象。不論擔任什麼職務皆能獲得肯定，走到哪裡都會有源源不斷的人脈與錢脈。相反地，一個人如果形象不佳，即使花費再多時間努力，效果也很有限，最終會失去主管的認可與信任。

祕書除了具備專業職能外，還要打扮得體，具現代化形象。

三、著裝得宜機會多

根據美國一項調查顯示，大部分的主管認爲，服裝得宜者將比服裝不得體者獲得更多升遷機會；同時，超過半數以上的主管不會告訴屬下，沒有得到升遷機會是因爲外表不夠體面的緣故。現代社會競爭激烈，祕書想在職場上脫穎而出，得到主管的重視，給別人的第一印象非常重要。祕書需要有得體的打扮，因爲服裝儀容是一種生活態度，也是一種心理情境的表達，更是對他人尊重程度的非語言訊息，其重要程度絕對不容忽視。

四、形象就是印象

隨著國際化的腳步加快，祕書除了要持續提升各項專業職能外，外在優質形象的塑造亦爲不容忽視的一環。謙和優雅的態度，能讓專業祕書更貼近卓越形象，而態度就是語態、姿態和神態的綜合表現。在工作中的每一個小細節祕書都應該注意，千萬別讓一時的惰性，掩蓋了祕書努力的成果。

五、祕書上班前的儀容準備

✧ 整體儀態零缺點

✧ 清理查驗單：

頭部：頭髮、化妝、耳後

身體：裙角、拉鍊、鈕釦、手帕、頭皮屑

手部：護手、洗手、指甲、手錶、首飾

腿腳：襪子、鞋子

其他：制服、皮包、私人物品

六、上半身的形象

想想看，祕書每天上班是站著的時間多？還是坐下來的時間多？如果是站著的時間多，大家從遠處見到你的機會大。但如果你有一個辦公桌、有一臺電腦，一天上班8小時，至少有6小時的時間，都會被「近看」，這時頸部以上形象，就比頸部以下更受到關注。仔細分析，頭髮過油、掉髮、掉屑，這些都不是好形象的代名詞。

七、醜女人還是懶女人

天下沒有醜女人，只有懶女人。當然祕書並非全都是女性，但是如果想成爲一個智慧型女性，至少應該具備以下幾個條件：

1. 情緒控制得宜

蠟燭兩頭燒，往往會蠟炬成灰淚始乾。年輕的時候，爲了感情問題，時刻被困擾。有了家庭之後，就開始上有老、下有小。到了中年，又有更年期的困擾。晚年則有空窗期和疾病入侵。可以說，一生都免不了情緒起伏和人際溝通的干擾。避免自己因爲情緒失控而壞了事，最簡單的方法就是要學會有效溝通。情緒是來自身體的，但是控制是來自心理的。透過有效的學習，可以輕易化解許多不必要的衝突與矛盾。除了溝通必須終生學習，還要有一種持之以恆的運動或者鍛鍊來造就好個性。有嗜好和經常鍛鍊身體的人，通常個性比較平穩，不容易焦躁易怒。焦躁易怒的來源，多半是難以忍受或者沒有耐心，學習音樂、美術、書法、繪畫等，可以讓祕書更有韌性或更謙卑。

2. 外表修持禁得起考驗

年輕的少女人人喜歡。不過，少女在大場面就需要有人指導，才不會失態。過了青春期，女性進入社會，比較穩重大方，但是如果不知道如何保養，很快就進入「自己都覺得老了」的狀態。儀表的任何一個細節都需要刻意的修飾，從頭到腳，隨著歲月的飛逝，不可能不產生變化。女性的儀表比男性重要得多。修持分爲兩個部分，一個是外表的頭髮、化妝、保養、服飾的整體搭配，必須符合規定。另一個是身材要保持在控制的範圍以內。這些無一不是要學習的。原因很簡單，因爲時間和環境都在變，人不可能一成不變。脫離時代潮流太遠，如何成爲一個具有魅力的女人。當然，這裡還要學習的是禮儀、態度、修養、品味。離開這些，不免會很粗俗。爲了自己舉止言行不粗俗，必須要有涵養、多讀書，不恥下問，吸收養分，讓自己內外兼備。

3. 隨時保持自信

自信，有時也會變成自大。所以，如何保持眞正的自信，必須要能抬高自己的視野。如果永遠做一株小草，而不是成爲高大樹木，具有堅韌的力量與胸懷，這樣的自信很可能只是一種自負。抬高自己的方法不是自以爲是，而是能夠不計較小節，擁有寬大的氣度。有自信的女性是內斂的、柔性的，該說話的時候有分寸、理性、具有影響力，這才是眞正的自信。而不是外表看來很強，其實內心很怯弱，沒有勇氣。自信是要經過大風大浪的考驗，才能獲得的。有自信的女性眼睛會綻放光芒，看得出她們是隨時準備好的，並且準備得比需要的還要多。有自信的女性，就算在許多男性的競爭圈裡，也可以表現得很從容、有智慧、很自在。這種特質，是裝不出來的，是發自內心的一種光芒。

4.做一行，像一行

新世代的年輕人初入社會，一定要把握住「做一行，像一行」的基本原則。在剛入行以前，需要花時間研究，自己的裝扮是否觸犯了這一行的禁忌，或者這一家企業文化的潛規則。例如：你的主管開福特，你開寶馬上班。你的女主管長相一般，而你卻每天花枝招展。聰明的人，對自己的行爲舉止會嚴加規範。對自己的外表服飾，也會精心選擇。務必讓自己給別人的印象不只是恰如其分，還有加分的效果。如此，將在社會上無往不利，左右逢源。

2. 形象的7：38：55定律

一、7：38：55定律

1.口語溝通的結構

舉世聞名的溝通學者阿爾伯・梅拉賓博士（Dr. Albert Mehrabian）發表過膾炙人口的7：38：55定律，被譽爲解釋形象學的經典統計數字。事實上，阿爾伯・梅拉賓博士自1960年代開始研究的是溝通學，並且自1964年開始在美國加州大學的洛杉磯分校進行教學研究工作，是著名的心理學家。7：38：55定律雖然被廣泛的應用，但是也被曲解得很厲害。正確的闡述應該是這樣的：

「成功的口語溝通，包括：

7%是說出來的話；

38%是次語言的部分（也就是說出來的方式）；

55%是面部的表情。」

7% of meaning is in the words that are spoken

38% of meaning is paralinguistic (the way that the words are said)

55% of meaning is in facial expression

2. 吸引人的身體特質

從上述比例，可以看出面部表情對於溝通的重要性。阿爾伯・梅拉賓博士還發表過一項調查，到底什麼才是吸引人的身體特質呢？大致有以下5種：

- ✧ 男性化特徵：有力、健壯、胸擴、寬下巴
- ✧ 女性化特徵：長髮、化妝、眼睛大而圓
- ✧ 自我照顧：整體形象好、身材苗條、小腹平坦、挺拔、衣著合身
- ✧ 愉悅神情：很友善、快樂、娃娃臉
- ✧ 種族性

3. 第一印象

雖然東西方的審美觀念不盡相同，但是從上述簡單的資料裡面可以看出，一般人對於形象的看法還是從表面的印象而來。而當我們表達意思的時候，臉部的表情占了大部分成敗的主因。因此，當我們見到別人的時候，往往第一印象都和頭、臉有關，

其次才是身材、服裝。第一印象有什麼重要呢？根據心理學家發現，人和人相見後的45秒鐘之內，就會產生所謂的「首因效應」，用白話說就是有了先入為主的觀念。一個人固然是滿腹經綸，但在未被他人體認出內在之前，就先被別人拒之門外，那一切的內涵只有等知音或者伯樂才會欣賞得到。第一印象是全人類對於陌生人的價值判斷，也許你一句話都還沒說，一旦這3秒過去了，再說什麼也沒用。如果第一印象很好，觀衆已經打算鼓掌；如果第一印象不好，觀衆怎麼也對你提不起興趣。

4. 聲音暗示也很重要

阿爾伯·梅拉賓博士在他的著作《沉默消息》中提到，姿態和面部表情占講話的意思的55%，聲音的暗示為38%。所以，敏感性聲音的暗示對情感理解至關重要。例如：「我愛你」可以慎重地說，也能嬉戲地說，這就是語態的重要性。祕書每天大約要花65%的時間，運用電話或對話來傳遞消息或進行溝通。語態的聲音暗示是必修的課程。語態的另一個表徵就是語調。祕書可以調整說話的語調和用字。例如：當你在形容某件事物時，不要只是說「還不錯」、「很好」，應該用更強烈的字眼和語氣，例如：「眞的太棒了」、「實在是好極了」，更能讓人感受到你的熱情。

5. 微笑是最好的社交工具

阿爾伯·梅拉賓博士曾做過一項研究，結果顯示，人們喜歡或厭惡一個人，其中有55%的線索來自視覺，大多是臉部表情；另外有38%來自於音調，7%來自語言。因此，即使不是演員，但仍需要努力練習，找出自己最理想的微笑表情。祕書平常不妨對著鏡子，花幾分鐘的時間做日本《上班族》（*Associé*）雜誌提供的簡單練習：咬住一根筷子，露出上排牙齒，你可以用雙手按住兩頰肌肉，調整嘴角上揚的角度，直到你認為是最好的位置為止。然後把筷子拿掉，這就是你個人最理想的微笑表情。看著鏡子，記住這個表情。美國心理學家、曾任加州大學聖地牙哥分校心理學教授的保羅・伊克曼（Paul Ekman）解釋，臉部肌肉的改變會傳遞訊息給大腦，大腦接收到訊息之後便會產生相對應的情緒感受。因此當心情不好時，試著做出微笑的表情，可以立即改變情緒感受。祕書每天面對許多瑣事，難免有情緒不佳的狀況，不妨試試看微笑的魅力。

6. 展現自信的肢體語言

自信的肢體語言可以讓你在人群中更突出，讓別人更容易注意到你。日本形象專家《如何成為有魅力的人》作者西松眞子表示，最有自信的姿勢是下顎微微上揚，與地平線保持大約10度左右的角度。《姿勢會說話》（*How to Read a Person Like a Book*）的作者傑魯德・尼倫伯格（Gerard I. Nierenberg）特別提醒，雙手不要在胸前交叉，這樣會顯得你的防衛心重。也不要把手插在口袋內，讓人感覺沒有精神。不要漫無目的的四處張望，顯露你的不安。眼睛要注視著周遭的人，若碰巧與某個人的眼神交會，就微笑和對方點頭，釋出善意，這麼做更能增加彼此對話的機會。

二、祕書的外表為什麼很重要

外表是讓內在得以與外界溝通的橋梁，唯有恰如其分的外表方能正確無誤地將內在的訊息傳遞出去。祕書具備內在專業，但外在卻給人不夠專業感覺時，會直接影響到別人對你能力的肯定。因為人會直覺地感受到一個穿著邋遢、搭配單調、對自己的體型有哪些特點都不了解，甚至穿著不合場合的人，很難讓人相

信這個人會很有智慧。

三、工作性質決定穿著

祕書如果希望別人，特別是主管和客戶群，都能從衣著上確認你的身分，那就應該特別注意自己的穿著。祕書如果穿得格外貴氣，彷彿每天去參加宴會，或者穿得很寒酸，彷彿薪資總是不夠，都不是貼切的表現。祕書可以選擇適當的衣裙、褲裝、洋裝、或甚至旗袍來搭配，但絕對要合乎工作場合禮儀。無論是襯衫、裙子、西裝褲、洋裝，每選一件都要懂得搭配的原理、場合的應用、給人的感覺、自己的預算。更要緊的是：是否合乎商業禮儀。

四、外套是權力與專業象徵

外套帶給人的是一種認眞、威嚴、有潛力的印象。許多祕書喜歡把自己打扮很年輕，像個不成熟的孩子，這也難怪許多升遷機會插身而過，因爲大家都認爲你還沒長大。黑色外套、柔色系的裙子以及彩度強烈的襯衫，搭配起來效果最佳。海軍藍的外套也不錯，它讓人感覺威嚴，但又能傳達出一種友善、不會咄咄逼人的訊息。外套還可以禦寒，夏天的冷氣和冬天的寒氣都能適時擋一擋。有會議時、見主管時、有重要客戶時，都可以派上用場。套裝，還可以分爲5種系列：

- ✧ 傳統的致勝套裝
- ✧ 積極型套裝
- ✧ 有格調的專業型套裝
- ✧ 柔和的套裝
- ✧ 保守型套裝

五、三點不露的原則

正式場合的服裝，要記得肩膀、膝蓋、腳趾「三點不露」的原則。因此，細肩帶小可愛、背心式上衣、迷你裙、短褲、涼鞋……，都屬於不正式的穿著。合宜的穿著，不能保證一定獲得工作；但不合宜的穿著，卻經常是不被錄用的原因。女人因穿著不當而不被錄用的機率，是男人的3倍。女性裝扮得體是助力，大方得體的外表確實比一般人更容易脫穎而出，但有時過度追求流行、過度豔麗，反倒讓人誤以為你粗俗膚淺。

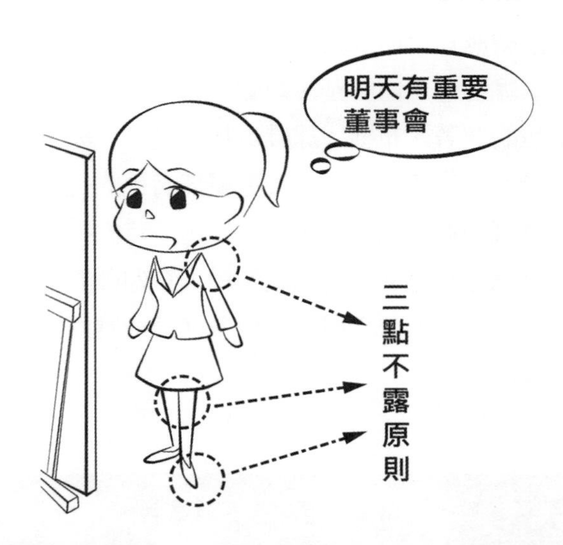

正式場合要注意穿著，記得肩膀、膝蓋、腳趾「三點不露」的原則。

六、領口的設計至關重要

前面提到過，祕書形象集中在上半身，而衣領附近是被關注的焦點。因此，領子的選擇就顯得格外重要。領型可以非常有效的修飾臉型，例如：圓形臉、頸子較短的女性，可以選擇V字型

領、U字型領、船型領……低領口的上衣，最忌諱穿上高領毛衣或小圓領的襯衫。至於服裝的上下身比例，要以腰部爲基準線，分爲上半身與下半身。中國人的身材比例通常在5：5或4：6之間。如果自己是屬於一般人的身材，則可藉由上衣或外套的長度來改變視覺上的身高，盡量讓上衣長度只占全身比例的40%，或者是反過來，讓上衣的長度占全身的60%，這樣可輕易的改變身高或身材比例不夠完美的缺點。

七、祕書如何選擇鞋子

祕書上班時應穿著中低跟的包頭鞋，選擇容易搭配服裝的色彩，如黑色、咖啡色。露腳趾、露腳跟的涼鞋、拖鞋式皮鞋，都不算正式上班的穿著。布鞋、球鞋更加不適宜，顯得過於隨便不莊重。上班時必須穿著絲襪，以接近腿部膚色的透明絲襪爲主。網襪、彩色絲襪則適合熱鬧宴會、出外逛街時的打扮，不適合上班時穿著。絲襪非常容易不小心就勾紗，穿勾破的絲襪非常不禮貌。所以，平時可在辦公室與皮包內多準備一雙備用絲襪，以備不時之需。

3. 好氣質　從姿態、儀態做起

一、祕書的姿態與儀態

祕書的儀態是辦公室裡面，每個人品頭論足的話題之一。除了正確的穿著，姿勢和禮節也是例行學習的重點。女性的坐姿相對男性而言，更顯得重要。無論多麼美麗的祕書，穿上華麗的服飾，卻有不雅的坐姿，馬上會令人議論紛紛或者是想入非非。從小我們就被教養成爲「坐有坐相、站有站相」，可就是沒人在學校或者在家裡告訴我們，該怎麼坐或者怎麼站？所以，大家會照著自己喜歡的感覺坐著或站著。一旦成爲習慣之後就很難改善，慢慢的這種姿勢就會跟著我們一輩子而不自知。除非要照相的時候，否則很難覺察自己的姿態不怎麼雅觀。

二、女士的坐姿

女士的坐姿是膝蓋絕對不可分開，小腿也要合攏；小腿可以放置在椅子正中間，也可以平行斜在兩側，但是上半身一定要面對正前方。兩手的位置，可交叉輕握放在腿上。如果雙腿斜在左側，手就放在身體的右側；相反的，如果雙腿斜在右側，那手就放在身體的左側。兩手的位置，有扶手則放在扶手上；沒有扶手，可雙手交握放在腿上。坐沙發時，千萬要記得不要整個人往內靠，給人精神不振的感覺。獨自坐時，姿勢應端正，態度安詳。除非是很休閒的場合，否則不可以翹起二郎腿。千萬不可以手敲桌椅、搖膝蓋，更不可以抖腿。

三、男士的坐姿

男士坐下時，兩腿略分開，與肩膀同寬，看起來不至於太過拘束而又穩重。坐下時，兩腳著地不可空蕩，要盡量平放在地上，大腿與小腿成爲直角。雙手則應以半握拳的方式放在腿上，或是椅子的扶手上。側坐時應該上半身與腿同時轉向一側，臉還是應該在正前方，雙肩保持平衡。如非必要，絕對不要翹起二郎腿，尤其有外賓在場的時候，會給人輕浮、不安分的感覺。晃動足間，會使得四周的人認爲你是目中無人或是傲慢無禮。這些不雅的動作，都在禁止之列。

四、長期上網坐姿

祕書經常坐在電腦桌前，這時坐姿更爲重要。首先，螢幕及鍵盤應該放在正前方，不應該讓脖子及手腕處於歪斜的狀態。螢幕的最上方應該比眼睛的水平低，而且螢幕應該離開最少一個手臂的距離。大腿應盡量保持與前手臂平行的姿勢。手、手腕及手肘應保持在一條直線上，任何部位都不該彎曲。腳則要輕鬆平放在地板或腳墊上。坐姿也牽涉到椅子的高度，如果椅子太高，要看桌上的東西或是鍵盤，頭勢必要往前傾，於是頸部就必須出力；如果椅子太低，同樣會對頸椎、腰椎造成負擔。因此，正確的坐姿須配合合適的桌椅。坐著的時候，椅子的高度要能讓膝蓋呈90度彎曲，而鍵盤的位置也要讓手肘關節呈90度彎曲，身體不必過度的伸展或彎曲，保持頸椎、胸椎及腰椎正常的曲線。閱讀書刊時，眼睛與書刊應保持30公分以上之距離，避免躺著或在搖動的車上看書。閱讀時，背部伸直，保持正確坐姿。讀書或寫字時，每40～50分鐘，必須休息10分鐘。購買閱讀書籍，應選擇字

祕書長期坐在電腦桌前，螢幕與鍵盤要放在正前方，螢幕的最上方須比眼睛視線低。

體較大，印刷清晰的書刊。閱讀書刊時，應選擇明亮之場所，避免在日光強烈處而傷害視力。

五、女士的站姿

女士站立最好是雙腿併攏，雙手輕放兩側或互握於前。全身從腳心開始微微上揚，收腹挺胸；雙肩撐開並稍向後展；雙手微微收攏，自然下垂；下頷微微收緊，目光平視；後腰收緊，骨盆上提；腿部肌肉繃緊、膝蓋內側夾緊，使脊柱保持正常生理曲線。切忌彎腰駝背，使人感覺毫無精神，沒有氣勢。站立時候切忌拉衣角，互握時手部不要搖動。女性單獨在公開場合亮相的時候，可以採用3/4步站立，膝和腳後跟應該緊靠，身體重心應該提高。女性站立的時候，眼光不能左顧右盼，盡量平視正前方，面帶微笑爲原則。站立的最大問題就是站不直，有的人背挺不起來，有的人腰挺不起來，甚至有人下巴不知道要向後收攏，甚至有人雙肩放鬆不了，這些原因多半是缺乏自信。

六、男士的站姿

男士的站姿與女士的不同。男士的膝蓋是打開的，雙腳向前不要八字步，雙手半握拳放在身體兩側。男士的站姿不但要給人穩重的信賴感，還要自己感覺舒適。最重要的，站姿是肩部平衡，兩臂自然垂下，腹部緊收，挺胸、抬頭，不要彎腰或垂頭，或有委靡或頹喪的樣子。兩腳的位置爲求穩重，可略微分開，大約與肩膀同寬，雙手則呈半握拳的樣子最好看。很多男士在站立的時候，會將雙手放在褲袋裡面，這是錯誤的示範。如果在演講時候，感覺非常緊張，可以短暫時間將右手或是左手插在褲袋，但是長時間站立，將手放置口袋會有輕率的感覺。相反的，如果把手插在腰間，則會有一種侵犯別人的感覺。特別是女士在場，

更不適合。必要時，可將單手放置背後。

七、女士的走姿

祕書在開始練習走姿的時候，先在地上劃一直線，然後按照這一直線，開始練習慢慢走。雙腳要落在這一直線的兩邊，步伐不要太大或太小，保持自然就好。走路的時候眼睛要看正前方，視線不可落於地面上。手部自然搖擺，左手配右腳，右手配左腳，在身體的兩側自然擺動，幅度不宜過大。許多祕書的鞋底經常發出高跟鞋的踢踏聲，這種聲音在任何場合都是不適合的。一方面會干擾正常工作的進行，特別是進入正式的場合，以及會議人群衆多的時候，都因爲女士的鞋聲進場，而引人竊竊私語或者是側目，這些都應該避免。選擇不太高的高跟鞋使得姿態優美即可，無須太過做作。走路最忌諱內八字與外八字，彎腰駝背與肩膀高低不一都不可以。正確的步伐只要平時多練習，走出個人的儀態並不難。行進間遇見熟人，點頭微笑招呼即可。若要停下步伐交談，注意不要影響他人行進。如果有熟人在你背後招呼，千萬不要緊急轉身，以免緊隨在後的人應變不及。上樓梯時，必須將整隻腳踏在階梯上。如果階梯窄小，則側身而行。上下樓梯時，身體要挺直，目視前方，千萬不要低頭只看階梯，以免與人相撞而發生危險。多數女性走路的最大缺點，就是臀部向下蹲的走路法。這是最難看的方式，給人有不正經的感覺。走路應該利用胯股兩側向著左右伸展45度，上半身不動而下半身移動，這樣走路自然就會收腹提臀。如果配合呼吸的方法慢慢練習，那就一定有模特兒走秀的架式了。

八、男士的走姿

男士走路時雙手微微向身後甩，雙腿夾緊，雙腳盡量走在一條直線上。走路時腳跟先著地、腳掌後著地，胯部產生一種韻律般的輕微扭動。走姿自然流露出有自信、有精神的氣質，同時也給人專業的信賴感，讓人讚賞。因此，應該抬頭、挺胸、精神飽滿，切忌手插入褲袋行走。雙腳應筆直地走，腳尖朝前，切莫內八字或外八字。雙手自然垂在兩側，隨著腳步輕輕擺動，切勿同手同腳。腰部應用力，收小腹，臀部收緊，背脊要挺直。抬頭挺胸，切勿垂頭喪氣。氣要平、腳步要從容和緩。趕路時，切勿氣急敗壞，盡量避免短而急的步伐，鞋跟不要發出太大聲響。

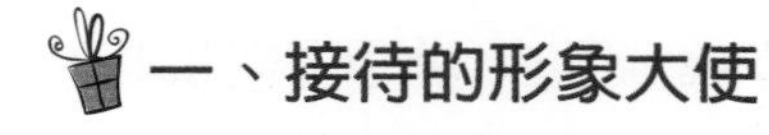

4. 公務接待　巧扮形象大使

一、接待的形象大使

在接待來賓時，祕書就是公司形象的化身。祕書給來賓的印象，也會影響來賓對公司的評價。接待禮儀，就是客人從進門前的第一時間開始，直到離開為止的每個細節，都讓賓客感受到無微不至的招待。接待客人前，接待室須整理得一塵不染，給予明亮潔淨的空間。一些細節例如：空調、雜誌、茶水、名片等，都必須預備妥當。訪客紀錄應該記載客人姓名和來訪目的，以便適時的查訪對方是否為不速之客。

二、接待場所的選擇

祕書可以先徵詢主管的意見，選擇不同的地方如會客室、主管辦公室、接待室、會議室或餐廳來接待來賓。如果主管不願意客戶久留，還有可能站立會客，也就是在走道或是公司門口談談就結束。因此，祕書在客人來到之前，先行請示何處才是會客地

點，以免屆時耽誤太久時間。會客室內的燈光不宜太過昏暗，應該以明亮爲原則。會客室的溫度調節，應該以22度爲原則，不宜太冷或太熱。

三、賓至如歸的感受

祕書常有接待客人的機會，給予賓客「賓至如歸」的感受，是禮儀最基礎的學習。接待初次見面的客人，應該先做自我介紹，然後才相互介紹。自我介紹前，一定先說「您好」，然後再介紹自己的姓名。中國人的姓在名字的前面；大部分外國人的姓在名字的後面。介紹應以簡短扼要爲原則，不宜過於誇張。

四、引導的手勢

祕書引導來賓，手勢應該十分明確。例如：指引方向和上下樓梯、電梯、長者和長輩的時候，一定不能站在前方擋住對方的視線。引導至接待的場所前，應該敲門表示尊重。進出門裡、門外，也應該以客人先進先出爲準則。行進間的引導工作，應該遵循下列原則：

- ✧ 二人行右大左小、男左女右。
- ✧ 三人行中間最大、其次爲右、再次爲左。
- ✧ 引導來賓者，應在來賓右前方1公尺處引導。
- ✧ 到達電梯前，應由引導者先按電梯；等賓客入內後，按下樓層抵達。抵達樓層後，待賓客走出電梯，再繼續引導。也就是出入電梯，以客人先進先出爲原則。
- ✧ 上樓梯時，應當在樓梯口說「請」，並說明樓層，而後請客人先行；下樓梯的時候，應該先說「請」，但是祕書要先走下樓，客人尾隨在後。

引導來賓時手勢要明確，進出門裡、門外，應讓客人先進先出。

五、介紹的原則

進入會客室之後，接下來就是介紹、交換名片、以及握手寒暄等動作，這些都必須按照先尊後卑、先女後男的原則。每一個動作都要加上注目禮，務必使賓客感覺你的周到與誠意。對於介紹的順序、遞上名片的方法、以及握手擁抱的方式等，均需要在平時以謙恭的心態多練習。例如：介紹時先介紹來賓，再介紹自己公司的人。介紹來賓給公司的人，應介紹對方的公司名稱、姓名及頭銜；有人談話時，則不宜做介紹。

六、名片的使用

祕書對於名片的應用，也應該有所了解。例如：一張名片只有一種頭銜，視場合不同而運用不同的名片。雙手遞上名片時，應目視對方說：「幸會」。拿到對方名片時，要重複一次對方的姓名及頭銜。入座後可以將名片放在眼前，以便加強記憶。當面

不可用名片記載資料，很不禮貌。名片歸檔前，應註明日期及地點、特徵。握手時，可單手、雙手、全握或半握。握手時，依慣例右手為原則。握手時，長輩、長官、年長者、女士先伸手，之後晚輩、部屬、年幼者、男士才能伸手。

七、奉茶的原則

辦公室的茶點招待是很重要的接待要點，祕書應該在客人坐定後，立即準備茶點招待事項。客戶如果是東方人，可以茶為主；若是西方人，則以咖啡為主。外國人通常會先問客人想喝什麼，再去準備；東方人則以自己公司裡面方便性為主。如果多於兩位客人，則應該以整壺茶奉上，用拖盤端出。此時可以不必先倒出茶來，而是用空杯放在桌上，請客人自行取用。茶盤的端法是一手扶著盤緣中間，另一手扶著盤底，緩步走進會客室或會客區，從客人左後方遞上。茶盤放入桌面後，應依客人身分高低先行奉茶，然後再依主人身分高低奉茶。奉茶時，右手持茶杯中央，左手扶茶杯底部遞茶，平舉不過胸部位置、致意便可。絕對不可高舉過頭。奉茶完畢應該面對客人點頭致意，然後單手持茶盤至身旁，倒退兩三步，才轉身離去。客人如果停留過久，應該每隔60～90分鐘之內，進入會客室添茶（或咖啡）一次，並且茶壺放置桌面，儘速離去，避免打攪會議進行。超過2小時則無須再進入添茶水，直到會客中場再進入。

八、坐車的禮節

客人未曾離開之前，絕對不可大聲喧譁或是批評客人。送客時，祕書應該提醒客人所攜帶或是寄放的物件，並且鞠躬致意。座車有司機駕駛的時候，是以司機的右手邊位置最小，後座三人中，右大左小。如果主人駕車，則其右手邊最大，後座的方式亦同。進入座車的方法是，臀部先進入，再把腳放進去，身體和頭部最後移入。主人及男士應替客人及女士開車門，等客人均入座後再行駛離去。送客要送到接客的原來地點。賓客尚未遠離，也絕對不能指指點點，做任意的批評或中途離席。

學習便利貼

✧祕書是打開企業的第一扇窗，也是企業的絕佳形象大使。
✧一位受人歡迎的祕書，除了要具備各種專業職能，還要能夠擁有現代化的形象。
✧祕書需要有得體的打扮，因為服裝儀容是一種生活態度，也是一種心理情境的表達，更是對他人尊重程度的非語言訊息，其重要程度絕對不容忽視。
✧在工作中的每一個小細節祕書都應該注意，千萬別讓一時的惰性，掩蓋了祕書努力的成果。
✧情緒是來自身體的，但是控制是來自心理的。透過有效的學習，可以輕易化解許多不必要的衝突與矛盾。
✧舉世聞名的溝通學者阿爾伯・梅拉賓博士（Dr. Albert Mehrabian）發表過膾炙人口的7：38：55定律，被譽為解釋形象學的經典統計數字。
✧人與人相見後的45秒鐘之內，就會產生所謂的「首因效應」，用白話說就是有了先入為主的觀念。
✧人們喜歡或厭惡一個人，其中有55%的線索來自視覺，大多是臉部表情；另外有38%來自於音調，7%來自語言。
✧雙手不要在胸前交叉，這樣會顯得你的防衛心重。也不要把手插在口袋內，讓人感覺沒有精神。
✧外套帶給人的是一種認真、威嚴、有潛力的印象。

✧正式場合的服裝，要記得肩膀、膝蓋、腳趾「三點不露」的原則。

✧女士的坐姿是膝蓋絕對不可分開，小腿也要併攏。

✧女士站立最好是雙腿併攏，雙手輕放兩側或互握於前。全身從腳心開始微微上揚，收腹挺胸；雙肩撐開並稍微向後展；雙手微微收攏，自然下垂。

✧祕書在開始練習走姿的時候，先在地上劃一直線，然後按照這一直線，開始練習慢慢走。雙腳要落在這一直線的兩邊，步伐不要太大或太小，保持自然就好。走路的時候眼睛要直視正前方，視線不可落於地面上。

✧在接待來賓時，祕書就是公司形象的化身，祕書給來賓的印象，也會影響來賓對公司的評價。

✧祕書常有接待客人的機緣，給予賓客「賓至如歸」的感受，是禮儀最基礎的學習。

✧進入會客室之後，接下來是介紹、交換名片、以及握手寒暄等動作。這些都必須按照先尊後卑、先女後男的原則，每一個動作都要加上注目禮。

✧座車有司機駕駛的時候，是以司機的右手邊位置最小，後座三人中，右大左小。如果主人駕車，則其右手邊最大，後座的方式亦同。

隨堂小測驗

找出三套自己的衣服，按照形象學原理重新搭配自己最適合的服裝。

演練客戶從進門、握手、介紹、交換名片的接待禮儀。

以自己的辦公室為例，演練客戶坐定位後的奉茶順序。

學習坐車的禮節，如果是老闆開車，有兩位客戶和祕書，該坐在哪裡？

學習男女祕書的儀態練習，內含坐姿、站姿、走姿、手勢與微笑。

08

升職轉業考驗
生涯管理

找不到工作的年輕人，如今比比皆是，即使有幸找到工作，薪水也節節下滑。今天，通貨調整後的高中畢業生薪資，比2000年少了11%，大學畢業生薪資也少了5%。多年來，大學畢業生的失業率始終在10%左右盤旋，大材小用、高學歷低就的情況近20%。令人遺憾的是，即使經濟蕭條早在2009年結束，經濟再度擴張，但年輕人的工作機會還是越來越少。

～泰勒・柯文（Tyler Cowen）～

前　言

泰勒・柯文（Tyler Cowen）是當代最重要的經濟學大師之一。在他的《再見，平庸世代：你在未來經濟裡的位子》開宗明義就說，如果你想跟電腦搶飯碗，那就死定了：「年輕人就業市場的問題，其實是未來職場的前兆。缺乏適當的訓練，就等於吃了閉門羹，與機會絕緣。『兩極化』是我們這個世代的代表詞，用來形容未來可能更加貼切。亦即一端的品質大幅攀升，另一端只求勉強圖存」。他所說的結論並不是危言聳聽，在大數據時代即將來臨的時刻，「未來將會有越來越多人面臨技能不足的考驗，電腦的能力正日益取代勞工的智慧，這股浪潮可能把你往前推升，也可能狠狠把你甩在後頭。機器智能（mechanized intelligence）對經濟統計數據的影響，將會越來越大。換言之，平庸世代再見了。」祕書這個職業在未來可預見的世界裡絕對不會消失，但是祕書的工作技能將會被更爲嚴苛要求。

案　例

小姚終於要升官了。老闆說她的考績非常好，要給她一個機會擔任公司的行政部門經理。這個新職務讓小姚緊張又驚喜，她不知道下一步該學什麼？準備什麼？才能把自己的管理職能加強，她能想到的是：

1. 學習領導力。
2. 增加自己的口才與溝通能力。
3. 外表要更像一個主管。
4. 充實自己的專業知識。
5. 與各部門建立好協調關係。
6. 充分配合企業的要求繼續努力。

除此之外呢？誠惶誠恐的小姚有點不知所措。

學習直通車

1. 了解世界各國祕書的現況
2. 了解科技時代哪些事物會被淘汰
3. 祕書如何自我發展與學習
4. 祕書生涯發展應有的準備

1. 祕書組織的過去、現在與未來

世界上的祕書工作，在過去近40年間，歷經三次革命性的華麗大轉變。第一次是在辦公室自動化（OA）開始的。大約在1975年美國率先提出辦公室自動化的概念；在1978年以後，日本的辦公室啓動了以電腦來替代人工處理辦公室一些事務性工作，自此全世界逐漸走向無紙辦公室，祕書工作也由原來的紙面作業，逐漸成為電子化作業。第二次是在互聯網的運行所開始。互聯網（Internet）起始於1969年的美國軍方，是一個相互交流、相互參與的平臺。1991年以後被學術界以外的企業大量使用，自此全世界逐漸走向資訊公路時代，祕書工作也由原來的人際溝通時代，逐漸成為資訊溝通時代。第三次是在雲端計算技術

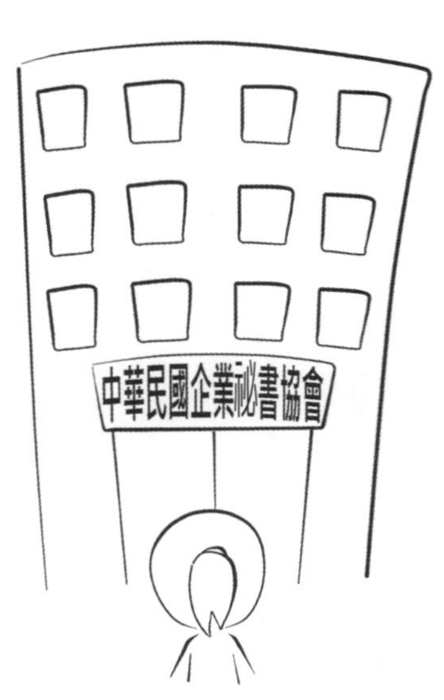

祕書工作經過三次革命性轉變，成立了許多祕書組織。

（cloud computing）開始的。2006年美國提出雲端計算之後，自此全世界的網路儲存快速進入雲端處理階段，祕書工作也由原來的定點定時服務，逐漸成為及時跨界的全方位服務。

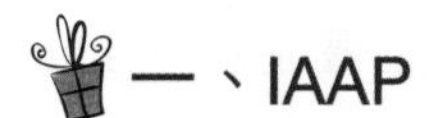

一、IAAP

美國是最早成立祕書協會的國家。1942年美國的一群優秀祕書奔走呼籲，成立了「國際祕書協會」（National Secretaries Association）。後來隨著時代的變遷，改名為「國際專業祕書協會」（Professional Secretaries International）。1998年8月，該協會改稱「國際行政專業協會」（International Association of Administrative Professionals，簡稱IAAP），是目前全世界組織規模最大、人員最多，最具有影響力的祕書協會。據統計，美國現有410萬名祕書及辦公室行政人員；另有890萬名是辦公室幕僚性的行政工作人員。在加拿大，這個數字是47萬5000人。該會認為，當今辦公室行政工作人員每天把科技、財務、客戶關係、物流、合同、法律、健康管理、人力資源、稅務和法規等各種事務完全整合，並完成任務於彈指之間，故須對行政人員的工作特別重視。

二、EUMA

歐洲祕書協會原名EAPS（European Association of Professional Secretaries），創立於1974年，創會會長是Sonia Vanular，當時由9個歐洲國家的16個祕書所組織而成。總部原設在巴黎的一所古堡裡面。歐協在1996年以後更名為EUMA（European Management Assistants），目前有26個會員國，並且還有愛沙尼亞、克羅埃西亞、埃及、葡萄牙、羅馬尼亞和俄國加入為個人會員。該會祕書處位於奧地利。

三、ASA

1974年的馬尼拉，一位叫做維基尼亞・阿巴尼雅（Virginia P. Elbinias）的祕書，在菲律賓祕書協會倡議組織亞洲的祕書協會。自此之後的40多年間，亞太行政專業祕書協會（The Association of Secretaries and Administrative Professionals in Asia-Pacific，簡稱ASA）連續不斷的在亞洲太平洋地區，依照各會員國入會的順序輪流舉辦，成爲亞洲太平洋區兩年一度最大的祕書盛會。該會目前有14個會員國，依照入會順序分別是菲律賓、泰國、印尼、新加坡、印度、馬來西亞、臺灣、巴基斯坦、日本、斯里蘭卡、汶萊、孟加拉、韓國、巴布亞紐幾內亞、。2014年，該會慶祝40週年，大會由巴基斯坦祕書協會（Distinguished Secretaries Society of Pakistan，簡稱DSSP）承辦。主題爲Standing High in Challenging Times（挑戰時代下，加油）。時間是2014年9月13～17日，地點在卡拉奇的Karachi Avari Tower Hotel。2016年9月25～29日，第23屆亞太祕書行政管理大會（ASA Congress）在馬尼拉萬豪酒店（Manila Marriott Hotel）隆重召開，主題爲「今天的夢想，明天會實現」（Today's Vision, Tomorrow's Reality）。大會除了有精彩的演講，還有精彩的晚會與旅遊活動。

四、亞洲其他國家的祕書協會

1. 亞洲4個活躍祕書組織

除亞太祕書協會的創始國菲律賓祕書協會之外，馬來西亞專業祕書與行政管理人員協會原名馬來西亞祕書協會，於1968年5月7日成立，內含4個協會，包括沙巴、沙勞越、約翰巴魯、以及大馬婦女協會。他們是美國國際行政專業協會（IAAP）和亞太行政專業祕書協會（ASA）的會員國。組織龐大、會員衆多、活動盛大，有雄厚的實力與影響力。泰國祕書協會的全名是泰國婦女祕書與行政專業協會（The Women Secretaries & Administrative Professionals Association of Thailand），也是目前亞洲數一數二最有貢獻度的祕書協會之一。2014年在亞太大會上，他們獲得專案比賽的冠軍。原因是過去多年來，該會對於泰國各級學校教師的培訓，碩果纍纍。印度祕書與行政專業協會（Indian Association of Secretaries and Administrative Professionals）可能是世界上祕書會員最多的協會。這個協會是在1970年10月15日，由孟買的聖約翰學院院長Homai Mehta所創辦的。自此，印度有了祕書選拔大賽。目前印協有7個分會，大約1600名會員。會員分爲四個等級：一般會員、團體會員、終身會員和集團會員。該會有專屬雜誌《祕書講義》（*Secretary's Digest*）。每年活動頻繁，除了有祕書大賽以外，還有祕書老闆餐會、祕書節活動、年度大會等。

2.日本祕書協會

日本祕書協會（Japan Secretaries and Administrative Professionals Association）資深會長石川愛於2013年因胰臟癌辭世。Yuji Mizuno於2013年6月1日接任爲新會長。日本祕書協會創立於1968年，是健康福利勞動部所許可，日本唯一的祕書協會。Yuji Mizuno是日本Asahi Kasei Corporation的執行長，也是該機構分公司的總裁。他自1975年起就任職該公司，曾經擔任總管理處祕書處的資深執行經理。該會目前有450名個人會員與150個團體會員。團體會員是指任何在集團公司工作的祕書都可以參加，所以該會的人數衆多。該會發行的雜誌每年出版10期。每月舉辦例會活動，以及數量衆多的培訓項目。該會有CBS（雙語祕書認證考試），1979年至今有500位祕書取得證書。該會也是亞協

（ASA）與國際祕協（IAAP）的會員國。

3.新加坡行政專業協會

新加坡行政專業協會（Singapore Association of Administrative Professionals）創立於1971年5月15日，原名爲新加坡私人與執行祕書協會，由原史丹福學院院長Mr. Elias Pereira創辦。有鑒於祕書工作在新加坡有很大的改變，祕書均轉型行政管理的領域，因此在2005年更名爲行政專業協會。新加坡行政專業協會在亞洲也是首屈一指的。2016年慶祝祕書節，該會在希爾頓飯店舉辦一天的培訓，主題是禮儀與生活技巧（Etiquette Essentials and Life Skills for Success）。

五、其他地區的國際祕書組織

- 澳洲辦公室行政人員協會（AIOP）http://www.aiop.com.au
- 南非祕書與專業助理人協會（SASPA）http://www.saspa.co.za
- 英國行政經理人協會（IAM）http://www.instam.org
- 加勒比海祕書協會（CASAP）http://www.casap-online.org
- 巴西祕書協會（FENASSEC）http://fenassec.com.br
- 斯里蘭卡祕書協會（SLAAPS）http://www.slaapsonline.com
- 巴基斯坦祕書協會（DSSP）http://www.dssp.org

六、我國的祕書協會

1.臺灣最早的專業祕書組織

創立於1974年10月19日，當時稱作臺北市企業祕書協會（也就是臺灣企業祕書協會前身），該會在1976年6月1日取得國際專業祕書協會（PSI）的認可，正式躋身國際專業祕書組織。爲了擴大與各國專業祕書組織的交流層面，1978年12月中華民國企業祕書協會成立，經常參與各項國際性會議，並成爲國際專業祕書協會會員。臺北市企業祕書協會與高雄市企業祕書協會（成立於1975年7月1日）於同年隸屬中華民國企業祕書協會。

2. 成為亞洲祕書協會會員國

1980年4月經第4屆亞洲祕書大會通過，中華民國企業祕書協會正式成爲亞洲祕書協會之會員國。亞洲祕書協會每2年舉辦一次大會，由會員國輪流擔任地主國，中華民國企業祕書協會總會於1988年5月在臺北圓山飯店主辦第8屆亞洲祕書大會。計有來自20餘國的350位祕書參加，其中來自美國祕書協會及歐洲祕書協會的會長備受矚目。

3. 更名中華民國專業祕書協會

爲提升祕書的專業形象，1992年1月中華民國企業祕書協會更名爲「中華民國專業祕書協會」。同年，臺北分會及高雄分會陸續將名稱改爲「臺北市專業祕書協會」及「高雄市專業祕書協會」，同爲中華民國專業祕書協會之團體分會。1995年10月28日，臺中市專業祕書協會正式立案成立，亦爲中華民國專業祕書協會之團體會員。爲配合全球祕書職場的變遷腳步，切合專業祕書工作環境的改變，2003年6月23日，「臺北市專業祕書協會」正式更名爲「臺北市專業祕書暨行政人員協會」。中華民國專業祕書協會亦更名爲「中華民國專業祕書暨行政人員協會」。高雄分會與臺中分會則逐漸淡出。

4. 舉辦亞太祕書大會

2010年中華民國專業祕書暨行政人員協會，成功舉辦第20屆亞太祕書大會。中華民國專業祕書暨行政人員協會，爲非營利性質之社會公益團體。所舉辦的各項會務活動，早期以「建立認同祕書工作的價值」，到近年的「提升專業祕書形象」，均爲該協會努力且永續傳承的目標。宗旨爲：

- ✧ 提高祕書對其職業或專業之興趣，並加強其間之聯繫。
- ✧ 鼓勵祕書接受專業訓練，繼續技術及知識之進修，彼此交換心得及經驗，俾能提高專業服務之水準。
- ✧ 負責聯繫組織各企業祕書團體。
- ✧ 喚醒並激發祕書對本地區經濟、企業發展所負之責任，進而參與國際事務，發展國民外交。
- ✧ 參加國際性祕書協會之會議及活動。
- ✧ 促進世界各國祕書間之友誼與了解。
- ✧ 其他有關企業祕書發展事項。

5. 舉辦座談等活動

歷年來，該會舉辦過各類專業演講、座談會及祕書訓練營，同時出版有關祕書事務專業刊物，如《女祕書札記——比別人多一顆心》與《辦公室管理》，經由協會的服務，能夠促進專業祕書之間的工作經驗交流及生活心得分享。該會的定期活動，有新春聯歡會、國際祕書週系列活動、祕書營活動、祕書競賽、祕書授證考試以及各種演講會。中華民國的祕書代表，曾勇奪亞洲祕書選拔比賽冠軍。

2. 科技時代祕書工作的轉變

泰勒・柯文在他的《再見，平庸世代：你在未來經濟裡的位子》提到，現代科技業職場，有以下幾個重要的特質：

✧ 精確的執行任務。

✧ 長期一致的協調，是一種重要優勢。

✧ 士氣對於激勵生產和合作極爲重要。

他認爲，長期的趨勢很明顯：中等技能的白領工作（文書、行政、業務等）將會減少。低薪、低技能的工作需求會增加，高薪、高技能的工作需求（包括科技和管理職）將會增加，但是介於這兩者之間的工作，薪資不會增加。他說，未來職場的大挑戰之一，就是如何因應這個「爲了讓電腦順利運作」而設計的世界，文書處理或服務人員，不僅需要和智慧型電腦及海外的勞工競爭工作，也需要和顧客搶工作。

一、未來5年最熱門的九大職業

大陸《齊魯晚報》在2016年提到未來5年，最熱門九大職業：

1. 理財規劃師
2. 風險管理控管師
3. 精算師
4. 前端WEB開發人員
5. 生物醫藥研發師
6. 心理諮詢師
7. 物流師

8. 人力資源師
9. 旅遊體驗師

　　未來5年的5個熱門行業：
1. 特色餐飲業
2. 夕陽產業（養老、養生）
3. 瘦身美容業
4. 教育培訓業
5. 服裝業

　　未來5年最有「錢」途的職業：
1. 軟體工程師及跨界人才
2. 智慧硬體從業者（穿戴設備與智慧家電）
3. 產業化經營的農民
4. 個性化需求的設計師（工業設計、服裝設計、網頁設計、平面設計）
5. 育兒保母（大陸）

二、祕書職涯規劃

　　雖然各種行業起起落落，但是祕書這個職務，從希臘羅馬時代就存在，在未來的許多年都不可能會消失或被淘汰，只是工作的內容會隨著科技進步而不同。將來你還是要做祕書嗎？做完祕書之後，你打算做些什麼工作呢？如果你要轉職，轉業當中你需要什麼樣的準備呢？一個人如果從22歲開始擔任企業助理，到27歲擔任祕書的工作；在32歲之前擔任執行祕書，也就是個別高階主管的祕書。之後，祕書就可以升任爲行政經理，然後是行政處長或者是副總，最後呢？可以成爲行政總監或者是特別助理。

三、數位化改變工作內容

隨著科技時代的來臨，高科技時代意味的是：數位化辦公室將更有活力，運用更有效率的工具，使祕書更有自我發展的空間。資訊工具的發展完全改變企業內部的運作方式，它不僅增加整體經濟的流動性，也帶來整體經濟活動更大的改變。新世紀的來臨，改變了許多事和許多人，也改變了祕書。祕書必須隨著e世紀的來臨，在工作角色及內容，甚至頭銜上，積極快速的改變。傳統「祕書」的角色將會消失，頭銜也沒入歷史。取而代之的，將是更廣泛的工作、更複雜的環境，及更寬廣的空間。祕書所賦予的任務，不再只是行政的瑣碎事務而已，而是以決策為核心的領導性幕僚工作。祕書再被要求的條件將更高，所從事的工作將更加複雜及專業。祕書的忠誠度、持久和耐力，也將相對的提高。祕書的工作機會會緩慢減少，但有能力的祕書需求量將更為增加。因此，祕書應該比以往更充實自己的資訊供應能力，努力學習溝通，擴大自己的視野，增強管理知識能力。

四、祕書能力的鑑定考試

祕書的能力如何鑑定呢？可以考一些證書。全世界各國都有自己的祕書鑑定考試，例如：美國的IAAP鑑定考試名稱為CAP（Certified Administrative Professional），從1951年開始，延續至今。全世界有250個考區，在臺灣的考試報名地點是：

Pearson Professional Centers – Taipei, Taiwan
臺北市信義區基隆路一段163號12樓3室

中華民國祕書協會自2007年開始，也有自己的祕書授證考試。

祕書參加許多鑑定考試，證明自己的能力。

3. 祕書的職涯規劃與發展路徑

一、何時尋求改變

祕書在什麼時候才能眞正的改變自己呢？首先是工作遇見重大的瓶頸。第二是遇到新鮮的對手，例如：更年輕的助理來到你的面前時。還有當祕書碰到一個很嚴格的老闆，指責多於讚美時。或者是一個公司改朝換代，老闆不一樣了，這個新老闆對祕書的工作有所要求或祕書個人產生職業倦怠。或者，祕書位置做了3年無法升遷且薪資不調整。或者公司改組；或者最後遇到貴人，一言驚醒夢中人。各式各樣的機緣，都可能讓祕書想要改變自己。

二、改變的深層意義

每隔一段時間，每個人都會有不同的境遇，不斷地在變更，不斷地在調整，爲什麼？或許祕書會不斷的問自己？工作到底是爲了什麼？爲什麼要這麼辛苦，這樣委屈的做事呢？這時候祕書會做深層的思考——今天我所做的一切，是不是符合明天的需要？還要再做多少年，我就不會想做了。當一個人做這一種思考的時候，多半都是28～32歲或者38～42歲之間，這是生涯管理師歸納出來的。

三、永遠學不完的行業

如果有一天，有人問及你的職業，你堆滿笑容回答：「祕書」，通常你會得到兩極化的評價。因爲有些人認爲公司祕書，工作輕鬆悠閒，沒有特殊貢獻；有一半以上是在處理電話回覆或接聽來電這類簡單乏味、沒有挑戰性的工作；另一派人則認爲，祕書精明幹練、無所不通，對祕書非常肯定。會有這樣的評價落差，主要是因爲工作環境差異、組織互動差異等人力資源方面的主客觀因素。但不論是哪一種祕書，都要經過網路時代的考驗。

四、新世代專業祕書的新定義

只要是引領潮流的人、事、時、地、物，祕書都必須學習，例如：經濟、產業、管理、科技、服裝、史地、飲食、旅遊、運動、人文、心理、哲學、社會、公關、語文等。祕書對事務的涉獵必須夠廣，讓自己隨時保持在潮流的巔峰，才不會被不斷推進的多變潮流給吞噬。祕書這個字眼會慢慢消失，但是專業祕書不會因此消失在職場中，畢竟能力卓越者，光芒是藏不住的。

五、生涯轉換的準備

每個人的一生無論如何轉換，一定要記得這幾個原則：首先，如果要轉到下一份工作的時候，一定不要意氣用事。還要有儲蓄，否則一段時間找不到工作怎麼辦？也不要降格以求，不要說好吧！反正現在找不到工作，就暫時委屈一下。一開始的時候委屈自己，後面是做不好的。祕書轉換工作，也要參考別人的意見，不要自己一意孤行。最後既然轉換工作，就不要再回頭。因爲既然改變了自己，就不要再想其實原來那個老闆蠻不錯的；以前那一個主管對我更好，那個公司的待遇其實也不比現在差。如果一直拿以前與現在來比較，那你的一生都是會後悔的，因爲別人的日子不斷地前進，而你一直不斷地後退。不斷回想以前的事，絕對是沒有意義的。

六、生涯轉換的時機

到底什麼時候最適合祕書轉職和升遷呢？從事祕書工作到一個段落，也就是28～32歲或38～42歲之間，一定會有一段時間感覺倦怠，或者是很不想再繼續做下去。這時候可能就是祕書轉職或者是轉業的時機，無論如何的轉，轉職和轉業都要有一個時間點。祕書工作的轉職時間，大體上分成四個段落：第一個在工作滿6個月；第二個是工作滿1年半到1年8個月；接下來是2年半到3年；最後是工作滿5年的時候。

七、5年以上的祕書

職涯轉換時機爲什麼不是5年以上？因爲祕書工作任職5年以上者並不多，且大部分的人在做了5年以後，會去轉職；或者是公司會安排祕書一個很好的機會，去做更上一層的工作。至於工作不滿6個月開始轉職，在職涯規劃上會很可惜的，因爲才做了半年對很多事情根本不了解。所以能夠撐過1年半到1年8個月這段時間的話，會對工作有一些了解和粗淺的認知，對下一份工作是比較好的參考依據。

4. 做好準備踏上職涯雲梯

一、任意跳槽容易失敗

如果人力資源部門的工作者，看到一位祕書過去的工作履歷，只有半年或者8個月，就不會考慮用這個人。因爲這個人給人的感覺是工作沒長進，做事情沒耐心。如果在2年半到3年這段時間還沒有轉職、轉業的話，可能會覺得工作越來越無聊。相反的，在這個時間點上轉職，對祕書會比較有利。也就是說，祕書的工作如果做了2年半、最後是5年的時候，比較適合去轉不同的行業。如果不是這個時間點，最好不要任意的去轉職、轉業。

二、轉職、轉業的原因

祕書爲什麼要轉業？爲什麼要轉職？大部分的第一個原因，就是能夠自己做老闆，做自己的主人。尤其現在很多年輕人，都很希望自己能夠成立自己的公司，成立自己的一份事業。第二個原因就是想跳槽，鯉魚躍龍門，有機會到其他更好的地方發展，爲什麼不去呢？第三個原因就是不滿現狀，一個祕書最討厭的三件事，第一件事就是做很多的檔案工作；第二件事就是要跟主管溝通很困難；第三件事就是怎麼老是等不到比較高的待遇。

三、出國深造也很好

基層工作者很重視自己的待遇，所以，待遇不滿很可能是跳槽的原因。其他原因是地理因素，也就是工作地點離家太遠；或者自己遷居到別的地方去；或是要出國深造；或是想去另一個不同的工作領域學習。也有可能是遭受性騷擾或感情糾紛，特別是主管和祕書之間，最後讓祕書想轉業。如果祕書想要出國深造，須想想讀書以後回來要從事什麼？要轉業的時候，到底要轉到哪裡去？要轉職的時候，自己到底看重的是什麼？爲什麼要轉職呢？所以，每當我們決定一件事情，都要認眞的思考：動機在哪裡？到底要怎麼做？做了之後，最後的結果是否與現在的期待有很大的落差？如果期待有很大的落差，是什麼原因？那麼在檢討的過程當中，要如何修正自己，讓自己能夠有更好的未來呢？

四、危機也許是轉機

危機是轉機，轉機也可能是危機。在轉職的過程中，祕書要思考的是什麼問題呢？有很多的祕書變成了老闆，這是無可厚非的。在社會上我們看到很多人，其實是祕書出身，後來變成老闆。白宮的祕書長叫Secretary of the State，也是祕書之一！如何讓自己進入一種新的行業，或一個新的職務，那就是在創業的時候，想想自己是不是有足夠的資本、技術和人才。

五、祕書的轉職機會

這是大家一定會問的問題。祕書工作最後可轉職什麼職務？當什麼職務其實都可以，以下是幾種比較適合的發展。

1. 人力資源部門

最好的，還是做人力資源部門的工作。很多祕書的下一份工作都是去HR部門做訓練，尤其是女孩子很適合做一些溝通協調和培訓的基礎訓練工作；或者是做企劃。祕書的人際溝通能力、對外對內聯繫工作做得很好，這些關係的存在，對做人力資源管理是有很大的幫助。

2. 財務工作

祕書比較容易轉職的職務，就是做財務。原因是有很多祕書是學商的、學國貿的、學企管的、學財務管理的，還有學會計的，本來就很適合擔任財務的工作，只是暫時沒有財務的職缺，所以就來當祕書了。還有一個原因是，很多祕書本身需要跟財務單位聯絡，或者本身要負責管理一些財務事情。例如：外商公司的老闆，都會請祕書兼做財務的工作。在國外考試的時候，許多祕書都要考財務三報表：損益表、現金流量表、資產負債表。具有這樣的基礎來擔任財務工作，事實上是游刃有餘的。

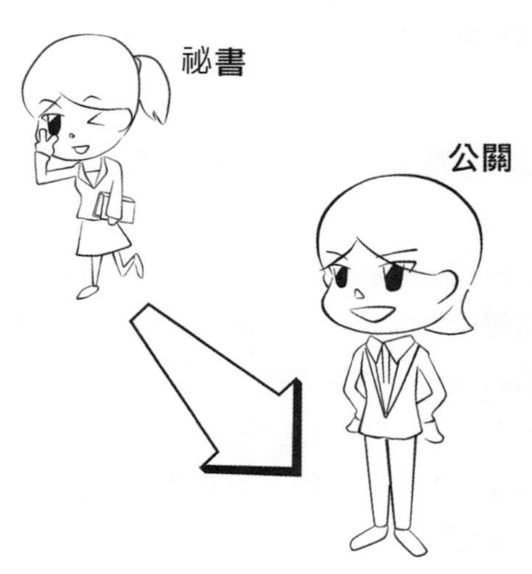

祕書若想轉職，公關是一個很適合的行業。

3. 研究發展工作

現在有很多的祕書，願意擔任研究發展的工作。研究發展與祕書原來的工作差距比較大。但是現代年輕人特別喜歡研究發展的工作，因爲現在是一個資訊爆炸的時代，祕書在運用媒體、多媒體、網路、網路平臺技術的時候，要比一般人更了解趨勢。所以，運用現代科技整理、彙總、整合資料的能力，祕書在許多方面要比其他人優越。應用這樣的才能去做一些研究發展的工作，在內部轉職、轉業的時候，也是一個很好的方向。祕書如果要轉到研究發展的領域，須培養自己規劃和分析的能力。規劃的能力其實比較難做，必須要再重新學習規劃方面的一些課程。

4. 公關業務

許多祕書到最後都擔任公關經理，負責對外的接待與聯繫，辦理活動，支援各種大型任務；或甚至很多人做行銷工作，也做得不錯；做業務也很好，這要看自己的個性。日常的工作當中，祕書經常要替主管接待貴賓，於是接待就成了工作之一，放大接待工作就可能變成公關工作。

5. 資訊工作

對於科技，這個世紀似乎存在許多描述性的詞彙：數位化、網路化、e化。總之，就是脫離不了電腦、電子資訊、網際網路等科技產品。科技的發展是順應人性的需求而產生，爲了解決堆積如山的資料與檔案問題、爲了解決分隔兩地的跨國貿易問題、爲了提升溝通的效率、爲了加速文明的進步，有太多來自「人性需求」背景在催促科技的迅速發展。既然這是一個擋不住的潮流，專業祕書理應站在第一線，用充滿期待的心情來學習。資訊類型的工作、資訊產業、諮詢部門這些工作也很適合祕書。所以，祕書擔任一個研究員，或是一個軟體工程師也是可以的。

6.總務、採購

如果回歸自己的行政部門，那更好了。祕書可以擔任總務、採購，現在也有很多人去做顧問師和訓練師。許多祕書要照顧家庭並兼顧事業，兩者密不可分。這時可以試試成立個人工作室。所以，祕書可以選擇的路線是很多的，不要擔心自己是不是沒有希望。

六、祕書的自我成長

祕書的工作千百種，有很多想像不到的。例如：有的祕書什麼都不必做，只做一件事就是替老闆送禮。爲什麼祕書可以拿到這個工作，是因爲她把這項工作做得很好，她的老闆很滿意，所以每年還給她加薪。很多祕書因爲主管要求不高，所以不再自我成長、停滯學習，這是錯誤的。祕書應自發性的成長，也就是自己想要去成長，這與被動的成長一樣，都可以讓自己能力提升。成長的最後手段或許不一樣，但是結果一定會一樣，即進行個人整體能力考核，成爲自己的成績、自己的人生、自己這一輩子中的一部分。

七、建構人生目標

超過35歲的人要明確的建構人生的目標，而且要把人生跟工作融入在一起，這是生涯規劃一再提醒我們的。人生的壓力分成兩部分，一部分是工作、一部分是生活，把人生和生活、工作和生活結合在一起的人，才是最快樂的。到2050年的時候，每一個人的生命若都是120歲，如果祕書工作到60歲退休，還有60年要做什麼？前60年的收入，須支付之後60年的生活，夠嗎？還有什麼做法？所以，我們要思考一下未來，如果有規劃、有期待，現在須開始準備了。

八、時間是真正的挑戰

祕書的成長要經過哪些途徑呢？大概可以分成以下幾種：

1. 留一段時間給自己

第一要記得無論多忙，也要有停留的時間。所以暫時停留，留給自己一段時間是非常重要的。先把未來的3年要做什麼想一想，把它寫下來，畫一個人生生涯的花朵。在這個花朵當中，每一片花瓣所代表的不同意義在哪裡？你把它貼在牆上，看著自己正處於什麼階段，預計要達成什麼目標。

2. 缺什麼、補什麼

假如缺的是財務知識，就去學財務。將來想從事公關，就去學公關。什麼都不想學，學行銷也不錯，這是一個很好的行業。參加社團活動也不錯，可多認識幾個人。每隔一段時間自我檢視一番，隨時調整規劃、積極學習。

3. 職業祕書應該知道的各種知識與技能

在科技時代的祕書，除了須具備行政管理、溝通等能力外，還須跟上資訊發展的趨勢，例如：Office等文書處理軟體、手機APP應用、雲端儲存……，才能善用工具，提升工作效率。

九、生涯階梯

每走一個階梯，祕書必須有所成長；每走一個階梯，都必須要學習，沒有一個人可以走回頭路。每走一個階段的時候，都必須認眞的停下來想想看，到底爲什麼？每一個生涯路途的當中，要學習些什麼？成長到哪一種階段的時候，是自己認爲有興趣的，將來可以做到更好？把自己擺在什麼位置，才是自己的人生定位。定位並不是別人幫你定的，不是別人喜歡什麼你就去做什麼的。

這是一個變動的時代。變動的時代有變動的機會、變動的成本，也有變動時代產生的不安定因素。如何將這些不安定因素去除呢？超過35歲，須明確建構人生的目標；超過45歲，須思考未來第二事業生涯要從事什麼？所以，準備以後再向前走，走了一段之後再繼續學習，再向前走，這就是人生的道路。不管喜歡或不喜歡，道路就是這樣安排好的。

透過學習強化能力，祕書可以有更多的機會與選擇。

祕書的工作並非永恆不變的，也不是不可以改變的。學習就是為了改變自己，改變自己之後就有更美好的未來。

學習便利貼

✧ 電腦的能力正日益取代勞工的智慧，這股浪潮將迫使你往前推升，也可能狠狠把你甩在後頭。

✧世界上的祕書工作，在過去近40年間，歷經三次革命性的華麗大變身。

✧「國際行政專業協會」（International Association of Administrative Professionals，簡稱IAAP），是目前全世界組織規模最大、人員最多，最具有影響力的祕書協會。

✧長期的趨勢很明顯：中等技能的白領工作（文書、行政、業務等）將會減少。

✧隨著科技時代的來臨，高科技時代意味的是：數位化辦公室將更有活力，運用更有效率的工具，使得祕書更有自我發展的空間。

✧傳統「祕書」的角色將會消失，頭銜也沒入歷史。取而代之的將是更廣泛的工作、更複雜的環境，以及更寬廣的空間。

✧世界各國都有自己的祕書鑑定考試。

✧超過35歲的人要明確的建構人生目標，並且把人生跟工作融入在一起。

✧無論多忙，也要有停留的時間。

✧祕書的工作並非永恆不變的，也不是不可以改變的。學習是為了改變自己；改變自己之後，就有更美好的未來。

隨堂小測驗

拿出一張紙，寫下你要做什麼？你該做什麼？你想做什麼？你必須做什麼？

想想看，3年之後你的工作計畫與生活計畫會和現在有何不同？

每天瀏覽一個與工作相關的網站，持續20天，看看會有什麼收穫？

假定你在1年以後會升遷，會想做什麼？會如何向老闆爭取這樣的工作機會？

五南圖解財經商管系列

書號：1G92
定價：380元

書號：1G89
定價：350元

書號：1MCT
定價：350元

書號：1G91
定價：320元

書號：1F0F
定價：280元

書號：1FRK
定價：360元

書號：1FRH
定價：360元

書號：1FW5
定價：300元

書號：1FS3
定價：350元

書號：1FTH
定價：380元

書號：1FW7
定價：380元

書號：1FSC
定價：350元

書號：1FW6
定價：380元

書號：1FRM
定價：320元

書號：1FRP
定價：350元

書號：1FRN
定價：380元

書號：1FRQ
定價：380元

書號：1FS5
定價：270元

書號：1FTG
定價：380元

書號：1MD2
定價：350元

書號：1FS9
定價：320元

書號：1FRG
定價：350元

書號：1FRZ
定價：320元

書號：1FSB
定價：360元

書號：1FRY
定價：350元

書號：1FW1
定價：380元

書號：1FSA
定價：350元

書號：1FTR
定價：350元

書號：1N61
定價：350元

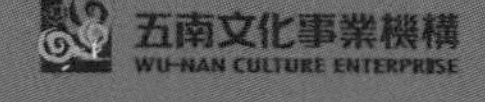

經濟學家名人傳

國寶級經濟學者 吳惠林 著

亞當・史密斯

講授道德哲學的經濟學之父
亞當・史密斯名言：「一隻看不見的手」，讓我們思索經濟市場如何運作？
揭開「原富」、「國富論」的真實面貌，翻轉一般人對經濟學的既定印象。
回歸亞當・史密斯的《道德情感論》，修正當代學界對經濟學的曲解。

弗利曼

海耶克

寇斯

五南文化事業機構
WU-NAN CULTURE ENTERPRISE
http://www.wunan.com.tw

106台北市大安區和平東路二段339號4樓
電話：(02)2705-5066 ext824/889
傳真：(02)2706-6100

國家圖書館出版品預行編目資料

秘書力：主管的全能幫手就是你／石詠琦著. -- 三版. -- 臺北市：書泉,2017.10
面； 公分
ISBN 978-986-451-087-0（平裝）

1.祕書 2.祕書學

493.9 106003212

3M47

秘書力：主管的全能幫手就是你

作　　者 — 石詠琦
發 行 人 — 楊榮川
總 經 理 — 楊士清
主　　編 — 侯家嵐
責任編輯 — 劉祐融
文字編輯 — 12舟　陳俐君
內文插畫 — 戴瑾軒
封面設計 — 戴湘琦Kiki
出 版 者 — 書泉出版社
地　　址：106台北市大安區和平東路二段339號4樓
電　　話：(02)2705-5066　　傳　真：(02)2706-6100
網　　址：http://www.wunan.com.tw
電子郵件：shuchuan@shuchuan.com.tw
劃撥帳號：01303853
戶　　名：書泉出版社

總 經 銷：朝日文化
進退貨地址：新北市中和區橋安街15巷1號7樓
TEL：(02)2249-7714　　FAX：(02)2249-8715

法律顧問　林勝安律師事務所　林勝安律師

出版日期　2007年7月初版一刷
　　　　　2011年7月二版一刷
　　　　　2017年10月三版一刷
定　　價　新臺幣350元